高等学校民航特色专业教材

Human Factors in Aviation
航空中人的因素

王莉莉　耿增显　主编

北京航空航天大学出版社

内 容 简 介

本书共 9 章,主要内容包括:人为因素导论、人类自身的限制、人的认知过程、人的差错、人与人的界面、人与软件的界面、人与硬件的界面、人与环境的界面、航空中的人为因素的研究及发展。通过学习,可进一步了解航空中人的生理/心理特性以及人的行为能力分析方法,掌握和理解人在个体环境和群体环境中的行为能力和限制能力;可对不安全事件进行分析,减少人为差错,增强适应环境的能力,为以后更好地开展工作和人为因素方面研究奠定基础。

本书可作为民航交通运输专业、交通管理专业、智慧交通专业等民航特色专业的基础教材,也可作为民航空中交通管制员、飞行运行签派员、机场运行管理人员、情报服务人员、飞行人员、飞行监察员等其他航空管理及研究人员的参考资料。

图书在版编目(CIP)数据

航空中人的因素 / 王莉莉,耿增显主编. -- 北京 :
北京航空航天大学出版社,2024.10. -- ISBN 978 - 7
- 5124 - 4498 - 0

Ⅰ. TB18;V321.3

中国国家版本馆 CIP 数据核字第 2024TE7753 号

航空中人的因素

王莉莉　耿增显　主编
策划编辑　周世婷　　责任编辑　周世婷

*

北京航空航天大学出版社出版发行

北京市海淀区学院路 37 号(邮编 100191)　http://www.buaapress.com.cn
发行部电话:(010)82317024　传真:(010)82328026
读者信箱:goodtextbook@126.com　邮购电话:(010)82316936
北京凌奇印刷有限责任公司印装　各地书店经销

*

开本:787×1 092　1/16　印张:12.75　字数:318 千字
2024 年 10 月第 1 版　2024 年 10 月第 1 次印刷
ISBN 978 - 7 - 5124 - 4498 - 0　定价:32.00 元

前　　言

　　航空中人的因素是由航空心理学、航空生理学、航空医学及飞行、空中交通管理等多学科领域知识组成的一门应用科学。本书是在原有空中交通管制中的人为因素讲义基础上重新整理和修改完成的，主要针对航空运输领域的本科生，尤其适用于空管专业。

　　2010年课程组对空管中人的因素讲义进行大的结构调整和内容补充，按照SHEL模型的结构，以人的限制、人与人、人与软件、人与硬件、人与环境组织整个结构，紧密联系航空运输中共有的人的因素方面来组织编写。编写完成后，以讲义的形式使用了十多年。根据新的需求和技术的发展，2022年启动了重新编写本书的工作，最终于2023年年底完成。

　　本书参考了许多专家的研究成果，也保留了当初讲义中黄宝军老师提供的部分材料。由于内容零散，请原谅此处不一一标注，在此向你们表示感谢。

　　本书由王莉莉组织编写，第1～3章、第7章、第8章由王莉莉编写，第4章、第5章、第6章、第9章及附录由耿增显编写，岳仁田、李亚飞、张召悦、张松也参与了部分内容的编写，最后王莉莉和耿增显对全书进行统稿。

　　由于编者水平有限，书中难免有不妥之处，恳请读者批评指正。

编　者

2024 年 6 月

目　　录

第1章 人为因素导论

A 学习提要及目标

本章的主要内容是通过介绍人为因素相关概念,使学生理解并掌握人为因素的定义、应用,掌握航空中人为因素的定义和特点,理解人为因素的发展阶段,了解人为因素的研究手段、目的、特点、重要性等。

通过本章学习,应能够:

(1) 理解和掌握人为因素的相关定义,包括广义人为因素、狭义人为因素、航空中的人为因素和空中交通管制中的人为因素;

(2) 了解人为因素的四个发展阶段及各阶段的特点,包括经验阶段、简单科学阶段、多科学阶段和现代阶段;

(3) 理解泰勒主义的主要观点,并能够结合民航特点,正确认识人为因素在民航中的重要性;

(4) 掌握人为因素研究相关模型,包括 SHEL 模型、Reason 模型、DECIDE 模型等。

1.1 人为因素概述

1.1.1 人为因素狭义和广义概念

人为因素是指将来自人类科学的人类学、心理学、生理学和医学等知识,应用到工业设计、施工、操作、管理和维修产品与系统等领域时,充分考虑人的能力和限制,并试图减小在上述领域应用中产生人为差错的可能性。比如,把人为因素知识应用于事故调查的目的不仅是要明白发生了什么,而且是要了解其发生的原因。如果没有了解事故发生的原因,安全调查机构就不能得出有意义的结论,并提出有效的安全行动和建议。

关于人为因素的定义有许多,例如,"使任务适合于人""为人的使用而设计"(Sanders 和 McCormick,1992),略长的定义有"旨在通过对器具、技术系统、任务的设计方式提高人的安全、健康、舒适及效能"。很明显,人为因素是一个考虑人的能力和限制并为人类提供有效工作环境和工具的学科,同时也是关于选择最适合操作者并给他们提供所需技能的学科。

人为因素,又称人的因素,是指从"人、机、环境"的系统观点中,研究人在其中的影响和作用。"人为"是相对"自然"而产生的,当今世界,既是自然的世界,更是人为的世界,在我们周围,几乎每样东西都刻有人为的痕迹。工农业、交通运输业都有安全生产的问题。用系统方法分析安全生产问题,必须从"人、机、环境"三要素入手,其中,"人"是指影响安全生产的人为因素。

根据上述概念,人为因素可以从狭义和广义两个方面进行说明。

从狭义上讲人为因素是指与设计有关的人的能力、限制和其他特征方面的知识,其研究目标是将这些知识应用到系统或产品的设计、使用和维护方面,以使系统或产品更安全、更有效、适用性更强。

从广义上讲,人为因素就是在不损害人健康(生理和心理)的前提下,追求人的效能最大化,从而达到系统效能最大化的学科。所以,尽管人为因素要求在工作中保护"人的健康",但也可以说它是"以工作为中心的"。

人为因素的应用领域十分广泛,如汽车座椅设计,使其适合不同尺寸的人,以减少疲劳、改进视野、降低事故;办公室设计、设施选择,使工作环境舒适,以提高效率;空间站营养标准的制定,保障了空间站人员所必需的营养,成为空间站设计的依据之一。总之,几乎所有的系统和产品都可用人为因素进一步改善,只要它们为人服务或为人所使用。人为因素在设计中的应用如图 1-1 所示。

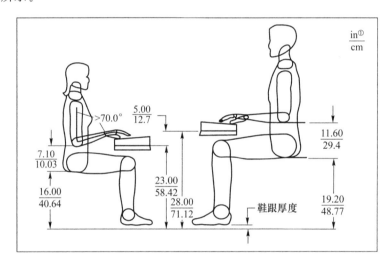

图 1-1　人为因素在设计中的应用

1.1.2　航空中的人为因素概念

1. 定义

国际民航组织(International Civil Aviation Organization,ICAO)对航空中人为因素的定义是:研究范围涉及航空系统中人的一切表现,利用系统工程的方法和有关人的科学知识,寻求人的最佳表现以达到预期的安全和效率。

航空中的人为因素不仅涉及飞行员,还涉及其他所有参与航空器营运的人,如飞行人员、机务人员、空中交通管制(air traffic control,ATC)人员、气象预报人员等。由定义可知,航空中人为因素的研究目标是航空活动中人的表现,而人是航空系统(人、机、环境)中最活跃、最易受到影响的主体;研究手段是系统工程的思想和方法,这些思想和方法对解决像航空系统这样的大型复杂系统的问题,达到系统的最佳整体效益十分有效;最终目的是提高飞行安全和效益,通过研究、分析人为差错,寻求预防和克服的方法,保障飞行安全,研究人与系统中的硬件、软件、环境和其他人的相互关系,改善系统的设计、使用和维护,优化人的表现,提高整个系统的效益。

2. 特点

航空中的人为因素相比其他行业具有多学科性和实践性的特点。

① 多学科性。航空中的人为因素除了与航空运行紧密相关外,还与心理学、生理学、人体测量学、生物力学、统计学等有关。心理学是帮助理解人们处理信息做出决策过程的工具。心理学和生理学有助于理解人们收集和传播周围信息的感知过程。人体测量学和生物力学是优化驾驶舱和空中交通管制工作站特征的基础。理解人体生物节律与睡眠、夜班对人的影响需要生物学知识。正确分析、研究和归纳调查数据则离不开统计学。

② 实践性。虽然航空中人为因素的研究需要多学科的知识,但其主要目的是解决航空运行中的实际问题,具有很强的实践性,所以它不是以学术为中心,而是面向实际问题,在实践中探索发展。

1.1.3 空中交通管制中的人为因素

1. 定义

空中交通管制中的人为因素是航空中人为因素的重要分支,通过了解人的能力和限制,使人与系统的设计及要求相匹配,指导人与系统在要求相互矛盾时正确处理相互之间的关系,从而改善系统的安全性,防范可能出现的事故(Hopkin,1995)。空中交通管制是一个复杂的有机系统,目的在于使飞行流量得到安全、有序和快速的调配,在这个系统中,人与机器相互作用,共同完成系统功能。

上述定义可以从以下两个方面进行理解。①通过了解人的能力和限制,使人与系统的设计及要求相匹配,指导人与系统在要求不相符时如何处理相互之间的关系。这需要从人类观察、感知、模仿、领会、理解、记忆、信息处理等心理要素去衡量管制员的工作成绩,并考查其在系统运行中所发挥的作用。②作为一门新的学科,空中交通管制中人为因素研究的是管制员与系统之间多种方式的相互作用,这有助于揭示某一事件的主要影响因素究竟是系统还是管制员,从而改善系统的安全性,防范可能出现的事故。它通过研究与人构成界面的各要素之间的关系,人自身的优势和限制,寻求各要素与管制员的最佳匹配,使航空系统的整体效益达到最佳,从而保证空中交通管制安全,防止事故的发生。

2. 空中交通管制中的人为因素研究领域

空中交通管制中人为因素的研究范围主要涉及以下五个方面。

① 管制员与硬件的关系,研究管制员与硬件(如操纵器、显示器)之间的相互适应问题,硬件如何设计才符合管制员的特点,管制员如何操纵硬件才能保障安全。

② 管制员与软件的关系,研究合理的管制程序、应急程序及标准通话语言等,以便简化管制工作、减小管制员的工作负荷,不致使管制员出错。

③ 管制员与环境的关系,探索特定环境对管制员的影响,管制员对特定环境的适应过程和适应规律,以便促进管制员-环境界面的相容。

④ 管制员与其他人的关系,研究管制员之间,特别是管制员与飞行员之间的人际关系,个

体之间的交流和班组之间的交流。

⑤ 管制员个体的生理、心理问题等。

1.2 人为因素的发展史

一般而言,人为因素发展历史主要分成四个阶段。

1.2.1 经验阶段——人类发明和使用工具到 20 世纪 20 年代

实际上,人类从石器时代发明工具以来,就已开始尝试对工具的可用性进行改进。尽管用现代人的眼光来看,早期的工具很原始,但是先民的尝试与当今被称为人为因素的学科范畴是相吻合的;也就是说,通过对人类操作者的知识及操作特征的系统性启发和应用,能够使人机系统有效、安全和可靠,同时使用户满意度最大化,对使用者和环境的损害程度最小化。

人类最初尝试对工具的可用性进行改进,通常都是目的不明,并且主要是靠经验进行改进;也就是说,工具成功或者不成功的使用经验,经过工匠的改良,影响了后来工具的形状和尺寸。人类只是在后期才开始在设计工具时采用系统的和目的明确的方法,这是可以真正称得上的早期人为因素的萌芽。

人们最早在 20 世纪 20 年代初开始尝试对工作中的人进行系统的研究,重点是人的体力活动,研究目的是改善工作循环并使其标准化。此领域的先驱——弗雷德里克·温斯洛·泰勒(Frederick Winshow Taylor,1856—1915)(图 1-2 所示),在 20 世纪初出版了《科学管理原理》一书,发表了其研究理论(Taylor,1911),这些理论通常被称为"泰勒主义"或"泰勒制"。

图 1-2 弗雷德里克·温斯洛·泰勒

泰勒制是美国工程师弗雷德里克·泰勒(Frenderick Winslow Taylor,1856—1915)创造的一套测定时间和研究动作的工作方法,19 世纪末 20 世纪初,在美国及西欧国家流行,其基本内容和原则是:科学分析人在劳动中的机械动作,研究出最经济而且生产效率最高的所谓"标准操作方法",严格地挑选和训练工人,按照劳动特点提出对工人的要求,定出生产规程及劳动定额;实行差别工资制,不同标准使用不同工资率,达到标准者给予奖励,未达到标准者给予处罚,实行职能式管理,建立职能工长制,按科学管理原理指挥生产,实行"倒补原则",将权力尽可能分散到下层管理人员,使管理人员和工人分工合作。

在对人的分析与研究中,除了分析和改善工作过程外,泰勒还建议雇主仔细挑选雇员,培训员工,并给他们提供向上的激励。

1898—1901 年,泰勒在伯利恒钢铁公司将他的理论进行试验,并且大获成功。由于泰勒主义的实施,当时的工厂管理从经验管理过渡到科学管理阶段。泰勒认为企业管理的根本目的在于提高劳动生产率。他在《科学管理原理》一书中说:"科学管理如同节省劳动的机器一样,其目的在于提高每一单位劳动的产量"。而提高劳动生产率的目的是增加企业的利润或实现利润最大化。泰勒科学管理的特点是从每一个工人抓起,从每一件工具、每一道工序抓起,在科学实验的基础上,设计出最佳的工位设置、最合理的劳动定额、标准化的操作方法、最合适的劳动工具。

作为一种管理方式的变革,福特制广泛应用于汽车生产中,既节省了时间,降低了成本,增加了产量,提高了工人的工资,也使汽车的售价能为大众所接受,使商品生产者有能力购买自己生产的商品,把大规模生产和大众消费联系在一起。如今,在世界上任何地方,福特的名字都代表着大规模生产和大众消费所带来的繁荣。

1.2.2　简单科学阶段——20 世纪 20 年代到第二次世界大战

在第一次世界大战的军事行动或军事补给供应链中,大量的军事装备被研发并得到应用,在这种情况下,保证其工作的可靠性变得尤为重要。军队认识到,有必要对操作者及其特性和操作者与技术系统的相互作用进行研究。当时,研究侧重于军队新兵招募、飞行能力倾向测试和培训等领域。疲劳研究始于军工厂,其研究成果最后导致了对工作休息循环的重新设计(Oborne,1982)。

直到第二次世界大战末期,虽然人为因素研究的重点还是操作者的选拔和测试,但是,设备和机械变得越来越复杂,对操作者能力的要求也越来越高。首先,工作任务本身的要求变得更加苛刻;例如,由于飞行高度和速度的提高,要求操作者身体更健壮、反应更敏捷。其次,与设备本身的交互关系变得越来越复杂;例如,驾驶舱显示屏、控制杆和手柄数量的增加要求操作者对系统的功能和操作方法有更准确的理解。最后,操作破坏性更大的武器和面对相同装备的敌人,给操作者带来了更大的压力。人们很快发现,仅靠人员选拔和培训不能完全解决这些问题,需要对系统本身进行设计,以更好地适应人的操作特征和限制。人体测量学(研究身体尺寸的学科)就是最早尝试使机器适应操作者能力特性的学科之一。人为因素的中心开始由"人适应机器"向"机器适应人"转变。

一件有趣的事情可以说明这种转变。第二次世界大战时,人们曾对一些美国空军飞行员在飞机落地后收起起落架而导致飞机损坏的案例进行观察,结果发现,造成这些损坏的主要原因是起落架和襟翼控制杆的设计相似,而且距离太近。当时,人们很快便想到了一种补救方法,也是现在大多数飞机设计所使用的方法,即把起落架操作杆做成轮状把手,襟翼操作杆做成板状把手。从此,避免了飞行员误将起落架操作杆当作襟翼操作杆。起落架操作杆和襟翼操作杆如图 1-3 所示。

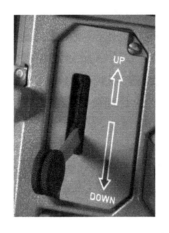

图 1-3 起落架操作杆和襟翼操作杆

1.2.3 多科学阶段——第二次世界大战后到 20 世纪 60 年代

第二次世界大战开始后,人们认识到在第一次世界大战期间武装飞机损失的原因,英国和美国开始大量"投资"人为因素的研究,并将其应用于航空业务。人为因素的应用范围迅速扩大;比如,在飞行员选拔过程中实施更好和更严格的医疗和心理标准;心理测试提出新措施;模拟器等设备的开发和使用等。人为因素的研究领域进入空间定向力障碍、疲劳和飞行员信息处理能力等。然而,这些发展仍然侧重于飞行员。飞行员的错误是所有事故的主要解释。

第二次世界大战结束后,人为因素学术研究集中在民用方面,且扩展到世界各地的许多大学。比如,伊利诺伊州大学 1946 年专门成立伊利诺伊航空学院,专门从事航空领域的人为因素研究,同年英国设立克兰菲尔德(Cranfield)航空学院。

20 世纪 40 年代末至 50 年代初,在发展新的人因学或工效学方向上,保罗 M·菲茨(Paul M. Fitts)针对空中交通管理(air traffic management,ATM)中的人机协作进行了经典的试验。他根据实验结果出版了好几本书,其中,包括用于功能分配的"菲茨清单"(Fitts' List)(Fitts,1951)。他考虑了人的长处和限制及技术系统的能力,给出了"哪些功能适于人完成,哪些功能适于分配给机器完成"。尽管菲茨认为"菲茨清单"只局限于 ATM 领域并应谨慎应用,但大家还是争相借鉴"菲茨清单"。菲茨认为随着技术的不断进步,这份"清单"在未来可能会过时,但到现在仍然很受欢迎。

同时,设计不当和缺乏训练,导致了较多意外事故的发生,这使人们意识到"人的因素"的重要性,意识到只有工程技术知识是不够的,还必须有生理学、心理学、人体测量学、生物力学等学科方面的知识。人为因素研究工作普遍开始重视"人的因素",力求使"机器适应人"。

1.2.4 现代阶段——20 世纪 70 年代至今

20 世纪六七十年代,人们在人员选拔、培训、人体测量、优化工作站设计以符合不同的身体尺寸和功能分配方面,对人为因素的兴趣持续不衰。随着科技的进步,特别是计算机技术的发展,研究人员新增的兴趣是对人的心理过程进行研究。当时,虽然认知心理学还没有诞生,但研究人员已经意识到对心理过程的理解可以帮助他们研究出更好的技术,通过复制人脑功能可以极大地促进当时提出的"人工智能"发展。在 ATM 领域,人为因素研究人员开始对管制员工作中的心理过程进行研究,"情景意识"正是在这个时候开始发展的。"情景意识"指的是操作者对与其交互的环境的理解。实际上,这种概念并不新鲜,因为管制人员经常会提到保持或失去"景象"(Whitfield,Jackson,1982)。

20 世纪 70—80 年代发生了多起恶性事故,其中,人为差错始终都是一个重要因素,有时甚至是主要因素。1977 年,在特内里费(Tenerife)发生的空难造成了 583 人死亡:一架波音 747 在没有得到起飞许可的情况下起飞,与另一架在同一跑道上逆向滑行的波音 747 相撞。经调查,这起事故的主要原因是管制塔台和机组之间剧增的无效通信,另外的原因是当时的通话术语不标准和大雾导致能见度很低。两年后,在圣地亚哥(San Diego)又发生了一起空中飞机相撞事故,这使人们认识到在飞机上安装机载防撞系统的必要性,导致了数年后空中交通防撞系统(traffic cofficion aroidance system,TCAS)的诞生。当时,一种陆基的冲突告警系统在美国也已被开发出来。在此期间,其他几次坠机事故(Wiekens 等,1997)也使人们认识到:驾驶舱中的指挥链、团队协同和管理风格也可以导致事故的发生。于是,人们又开发出了机组资源管理(crew resources management,CRM)系统来应对这些问题。

虽然技术日新月异,但空中交通的稳步增长,航空器速度的提高,安全间隔标准的缩小,这一切使管制员的工作要求变得越来越高,其工作压力也会越来越大。因此,管制员的工作性质在不断变化,支持技术也在不断进步,这都将引起人们对人为因素在空中交通管制领域内的研究兴趣。

1.3　人为因素的重要性

1.3.1　安　全

1. 事故率随年份的变化曲线

事故率随年份的变化曲线(见图 1-4)表明,1980 年以前事故率随年份急剧下降,这是因为随着科学技术的进步,飞机、发动机和空地设备的技术水平有了很大提高,以及规章体系和监察体制的不断改进和完善。从 20 世纪 80 年代至今,科学技术进步仍然很快,但事故率却基本保持不变,这是因为人为因素没有变或变化很小,人为因素在飞行事故中占了主要地位。按目前的事故率,随着运输量的迅速增长,预计的事故次数将是惊人的。因此,必须加强对人为因素的研究和应用。

2. 管制员"错忘漏"事件统计数据

说明人为因素对航空安全影响的最好办法是利用事故统计数据。以近 5 年来管制员"错忘漏"事件统计数据为例,2004 年到 2008 年管制员"错忘漏"事件统计如图 1-5 所示。

以下将 2004—2008 年所发生的管制员"错忘漏"事件进行分类统计。

(1)按管制阶段统计

管制员"错忘漏"事件,发生在区域管制区的数量为 53 起,约占 80%;进近管制区 11 起,约占 17%;塔台管制区 2 起,约占 3%,如图 1-6 所示。从事件的管制阶段分布看,这 5 年发

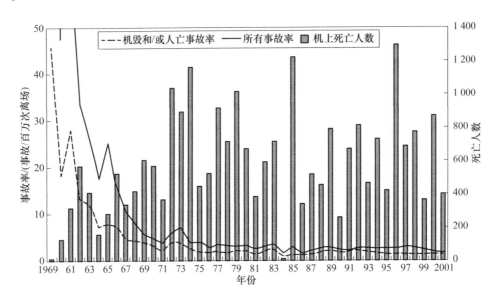

图 1 - 4 事故率随年份的变化曲线(1959—2001 年)

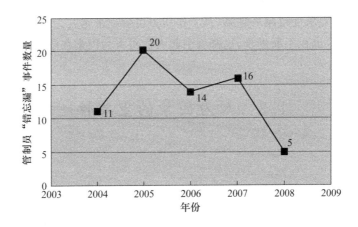

图 1 - 5 2004—2008 年管制员"错忘漏"事件统计数据

生在区域管制范围的事件较多,是管制责任飞行冲突事件的多发地段,这和飞行区域流量大、飞行时间长等特点有关。

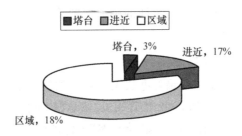

图 1 - 6 2004—2008 年按管制阶段分布的管制员"错忘漏"事件占比

（2）按月度、季度分布情况

从管制员"错忘漏"事件发生的月度分布来看，每年空中交通管制不安全事件有 2 个周期性波动。第一个高峰在 2 月前后，即春运保障前后；第二个高峰出现在第三季度左右，这个波动周期较长，从 5 月份一直持续到 10 月份，属于管制员"错忘漏"事件的高发期。管制员"错忘漏"事件发生最少的月份分别是 4 月和 12 月，而其他月份基本处于平均水平，如图 1－7 所示。

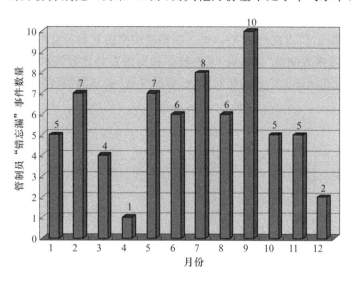

图 1－7 2004—2008 年按月分布的管制员"错忘漏"事件

从"错忘漏"事件发生的季度分布来看，第三季度管制员"错忘漏"事件发生概率远高于其他季度，约占全年总量的 36％。由于第三季度在空中交通流量大、复杂天气较多、军航活动频繁、人员疲劳的情况下，更容易导致管制员精力分配不当、指挥失误、工作流程不规范、遗忘飞行动态等问题的发生。2004—2008 年管制员"错忘漏"事件按季度分布情况如图 1－8 所示。

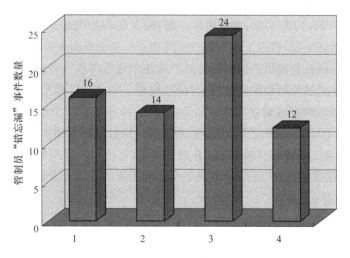

图 1－8 2004—2008 年按季度分布的管制员"错忘漏"事件

（3）按时间分布情况

人的能力在一天 24 h 中具有节律性波动的性质。一般的情况是：从 9 时开始，人的反应能力、手眼协调能力、信号识别能力及心算能力等逐渐上升，在 15 时左右达到最高，之后逐渐下降，并在 24 时左右回到 9 时左右的水平，在 3—4 时达到最低点。

2004—2008 年管制员"错忘漏"事件按时间分布情况如图 1-9 所示。统计结果表明：10—12 时发生管制员"错忘漏"事件的次数最高，所占比例约 39.4%；8—10 时次之，所占比例约 15.2%；12—14 时第三，所占比例约 13.4%。根据空中交通管制行业的特点可以作如下解释：导致上述 3 个时间段内管制员"错忘漏"事件较多和所占百分比较高的主要原因是：上述时段飞行流量较大，导致管制员工作负荷相对较大，容易导致"错忘漏"事件发生。

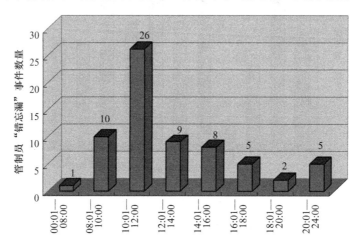

图 1-9　2004—2008 年按时间分布的管制员"错忘漏"事件

（4）按地区分布情况

从管制员"错忘漏"事件发生的地区分布来看，华东地区 20 起，约占 30%；中南地区 17 起，约占 26%；华北地区 11 起，约占 17%；西南地区 5 起，约占 8%；西北地区和东北地区各 6 起，约占 9%；新疆维吾尔自治区 1 起，约占 1%，如图 1-10 所示。从分布图上来看，华东、中南、华北地区的管制员"错忘漏"问题比较突出。这主要是由于这几个地区存在飞行流量集中、空域环境紧张等问题，虽然 2008 年借助奥运会保障的机会，成功改善了华北地区的空域结构，但是华东、中南两个流量相对集中地区的空域紧张问题依然存在，尤其是在实施缩小垂直间隔（reduced vertical separation minimum，RVSM）措施之后，缩小垂直间隔的执行使得军用民用航空之间的闲置空域几乎不存在。目前，珠三角地区空域改革工作进展缓慢，长三角地区空域改革仍未启动，导致全国空域环境不能实现根本好转，这已成为空中交通管制系统实现安全发展的制约瓶颈。

3. 事故的微观分析

20 世纪 60 年代，人为差错首次引起人们的关注，当时估计人为差错占事故因素的 20%。目前，不论定期航班还是通用航空的事故统计和分析都表明，虽然引起事故的原因多种多样，但 80% 的事故都与人为因素有关，这一比例在其他工业系统的事故统计中也大体相同。许多事故的具体分析结果让人们认识到人为因素的影响，从而有力地推动了航空中人为因素的研究和应用。下面是几个事故分析实例。

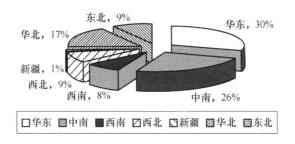

图 1 - 10　2004—2008 年各地区发生管制员"错忘漏"事件分布图

实例 1:2004 年 1 月,因管制员精力分配不当,导致南方航空公司航班与厦门航空公司航班在某进近管制区发生飞行冲突。

实例 2:2004 年 3 月,因管制员违规指挥,导致深圳航空公司航班、山东航空公司航班 1、山东航空公司航班 2 在某管制区发生飞行冲突。

实例 3:2005 年 1 月,因管制原因造成南方航空公司航班 1 与航班 2 在某管制区发生飞行冲突事件,构成事故征候。

实例 4:2005 年 5 月,因管制员发错高度指令,造成南方航空公司航班在某管制区小于规定间隔穿越深圳航空公司航班高度的飞行冲突。该冲突已构成管制差错。

实例 5:2006 年 1 月,因管制员违规操作,造成南方航空公司航班与海南航空公司航班在某管制区发生飞行冲突。

实例 6:2006 年 6 月,因管制员误发指令,造成海南航空公司航班与东方航空公司航班在某管制区发生飞行冲突。

实例 7:2007 年 1 月,因管制员口误,导致鹰联航空公司航班和上海航空公司航班在某区域发生飞行冲突。

实例 8:2007 年 6 月,因管制员遗忘飞行动态,造成海南航空公司航班与东方航空公司航班在某管制范围发生飞行冲突。

实例 9:2008 年 2 月,因管制员遗忘飞行动态,造成国际航空公司航班与香港航空公司航班在某管制范围发生飞行冲突。

实例 10:2008 年 10 月,在某管制区内发生了一起飞行员误听管制员指令下降高度,管制员未及时发现而导致的飞行冲突。

实例 11:2014 年 7 月,某管制区管制员执勤期间睡岗,导致东方航空公司航班复飞。

1.3.2　人为因素对效率的影响

人为因素也是影响效率的重要因素。在飞行运行中,忽视人为因素可能会使人在执行任务时表现不佳,甚至发生错误。由于事出意外,即使能够采取临时应急处理措施,也可能使管制工作暂时失调,以致造成工作混乱,这样不仅增加空中交通活动的安全风险,还可能造成不合理的空中交通管制控制,如过度的等待、远距离的偏航等,使空中交通活动严重偏离其正常计划,造成延误问题,降低空中交通活动的效率。

应用人为因素技术可以控制和减少人为差错,从而提高效率,如驾驶舱、空中交通管制工作站的合理布局;驾驶员、管制员受到合理的训练和监督都可能提高工作效率,而制定标准运行程序可提供有效的运行方式和方法。应用团队互动原理使机组和管制员加强团结协作,这都将提高工作效率。

1.3.3 民航精神

1. 当代民航精神

民航精神又称当代民航精神,是中国民航在长期发展实践中形成的优良传统和精神文化的升华,即"忠诚担当的政治品格、严谨科学的专业精神、团结协作的工作作风、敬业奉献的职业操守"。

当代民航精神是新形势下社会主义精神文明建设在民航行业的具体体现,是社会主义核心价值观与民航行业特点相结合的宝贵成果。弘扬和践行当代民航精神,用精神的力量培育人、凝聚人、鼓舞人,做到内化于心、外化于行,对引领行业发展、提升行业发展软实力、提振士气方面起到巨大作用。

中国民用航空局(以下简称民航局)各单位和部门围绕民航局"一二三三四"总体工作思路*,坚持目标导向和问题导向相结合,始终坚守安全底线,着力提升安全管控能力;始终坚持改革创新,着力增强行业发展动力;始终坚持真情服务,着力增强民航旅客获得感;准确把握政府职能定位,着力提升行业治理能力;始终坚持全面从严治党,着力营造风清气正的行业政治生态。

忠诚担当的政治品格就是要对党绝对忠诚,树牢"四个意识",特别是核心意识和看齐意识,自觉同党中央保持高度一致,主动站在国家战略和国家安全的高度,以对党极端负责的态度,抓好各项工作;要对人民绝对忠诚,牢固树立发展为了人民的理念,坚定树立人民立场,回应人民期待,切实提高决策水平和治理能力,不断增强人民群众对民航发展的获得感和认同感;要对事业绝对忠诚,把事业的完美作为我们职业的责任,牢牢守住"三条底线",特别是要认真贯彻落实好"要坚持民航安全底线,对安全隐患零容忍"的重要批示精神以及其他重要指示批示精神,坚持不懈、毫不动摇地把抓好航空安全在内的各项工作职责扛在肩上。

严谨科学的专业精神就是要民航局各单位各部门围绕各自的岗位职责,一丝不苟、严谨细致、精益求精地做工作,以职业的精神和专业的精神,做到追求完美。

团结协作的工作作风就是要体现在思想认识的协同上、各项行业政策导向的协同上、各项改革任务推进步骤的协同上、各项监管措施效果的协同上,坚决打破部门本位主义,要有大局意识,牢固树立"一盘棋"思想。

敬业奉献的职业操守就是要正确认识和处理好苦与乐、得与失的关系,耐得住寂寞、守得住清贫,守护好精神高地。

2. "三个敬畏"

民航局提出要大力弘扬和践行当代民航精神,以"敬畏生命、敬畏规章、敬畏职责"为内核,切实增强敬畏意识,深入推进作风建设,不断提升专业素养,全力确保民航安全运行平稳可控。

---

* "一二三三四"总体工作思路是指践行一个理念、推动两翼齐飞、坚守三条底线、构建完善三个体系、开拓四个新局面。

敬畏是人对待事物的一种态度。常怀敬畏之心的人,才能成为一个君子。敬畏是自律的开端,也是行为的界限。有了敬畏,才能有无穷的精神力量,当灾难突然来临的时候,就有能力与之抗衡;有了敬畏,才能有孜孜不倦的学习态度,在应对突发情况的时候,就能自信自如,更有把握;有了敬畏,才能有良好的职业操守,在关键时刻,就能坚守责任,勇于担当。

要敬畏生命,努力克服侥幸心理和变通思维。全体民航人要把敬畏生命作为履行岗位职责的思想基础,肩负起保护旅客生命的责任自觉,强化担当。敬畏生命体现了民航业的价值追求,是党的根本宗旨和民航业内在要求的高度统一,在全行业提倡开展作风建设,也是为了通过培育优良的作风,进一步提升民航安全运行水平,使旅客生命安全得到更好的保护。

要敬畏规章,严肃惩戒违章和失信行为。要充分认识和深刻理解规章条文背后的原理、逻辑,充分了解其制定背景和意义、针对的可能风险,并深刻理解和融会贯通,才能做到更加自觉、规范、在不违反规章的前提下举一反三,能够更加自信自如、更有把握地应对突发情况;要严肃惩戒触犯规章底线、诚信红线的人,令其付出代价,决不允许不诚信人员在行业内立足。敬畏规章体现了民航业的运行规律,是安全理论与实践经验的高度统一,要通过深化作风建设,努力把规章外在的强制要求转化为员工内在的自我约束,真正做到按章操作、按手册运行,真正做到令行禁止。

要敬畏职责,做到岗位责任和专业能力的高度统一。敬畏职责体现了民航人的职业操守,民航人要对自己的岗位职责高度认同,在关键时刻决不放弃责任,自觉按照岗位要求提升专业能力,自觉抛弃不适合岗位职责的不良习惯。

1.4　人为因素模型

使用模型来帮助理解人为因素的方法十分有用。它可以用简单的方法认识复杂的系统、抓住关键要素、核心问题和解决问题的方向。目前已提出的概念模型很多,下面主要介绍人为因素研究中常用的一些模型。

1.4.1　SHEL 模型

1. SHEL 模型概念及组成

SHEL 模型是在 1972 年由爱德华兹(Edwards)教授首先提出,1975 年经霍金斯(Hawkins)修改而成,由生命件、硬件、软件、环境以积木形式组成,积木(界面)间的匹配或不匹配与积木本身的特征同样重要,不匹配可能成为人为差错的根源。SHEL 模型如图 1-11 所示。

SHEL 并不是一个单词,而是由 software(软件)、hardware(硬件)、environment(环境)、liveware(生命件)的首写字母所组成。以管制员为例,该模型表明了航空系统中与管制员构成界面的四个要素及其相互关系。

① 生命件——人机系统中最复杂,有时也是最有能力的部分,即管制员。关于生命件,要考虑人的各种能力、限制和规律,如感知、认知、信息处理、形势意识和判断决策等。此外,还涉及管制员的选拔和训练。

图 1 - 11　SHEL 模型

② 生命件——生命件界面(L—L)(人与人之间的关系)指在运行状态时管制员之间或管制人员与飞行员之间的关系,是最关键的界面,会影响信息交流与团结协作的质量,并可能造成灾难性的后果,主要涉及通信和团队协作等问题。

③ 生命件——硬件界面(L—H)(管制员与硬件的关系)主要指人机界面是否符合人的需要,是否适于使用操作。比如,显示器的飞行进程图像、标牌信息、颜色及荧屏大小是否符合用户的感知与信息处理的要求;工作台设计如席位布局、键盘摆设、进程单板的位置是否便于使用;座椅是否可调节,耳机话筒的质量等。

④ 生命件——环境界面(L—E)(管制员与环境的关系)是最早被认识的界面之一。一方面,它涉及工作场所的环境,如温度、气压、湿度、光线及噪声等,以及人的睡眠、疲劳特性和应对压力的能力和规律。另一方面是指组织环境,涉及系统的安全观点、组织结构的安全性、企业的安全文化等。

⑤ 生命件——软件界面(L—S)(管制员与软件的关系)包括飞行手册、检查单、飞行程序、计算机程序、信息程序等。

利用界面间的元素不匹配会出现差错的原理,可以对差错进行分析,差错容易发生在处于中心位置的人与硬件、软件、环境及其他人之间的接点上。模型形象地描绘了现代生产的薄弱环节,对于安全工作有直接的指导作用,所描述的界面不仅仅存在于一线,生产组织的各个层次都有类似界面,因此模型具有普遍意义。

2. SHEL 模型特征

SHEL 模型常用于分析空中交通管制中人为因素的研究范围和管制员错误的来源。如图 1 - 11 所示,与管制员构成界面的四个要素是:硬件、软件、管制环境及生命件(飞行员与其他管制员等)。系统中各要素之间的界面是凹凸不平的,这意味着各界面之间必须谨慎匹配,否则,系统内应力将会过高,最终引起系统的断裂和解体,事故也就在所难免。管制员位于模型的中心,其他要素围绕在它的周围。可见,无论管制系统多么先进,管制员都始终是系统中的主体,也是最易变化、最不可靠的因素。不但显示器和操纵器的设计和制作必须考虑人的特点,使其他要素更加适合于人,而且位于模型中心的管制员也必须了解与自己构成界面的其他要素的限制,并不断完善自身,才能避免出错,减少事故的发生。

总之,积木(界面)间的匹配或不匹配与积木本身的特征同样重要,不匹配可能成为人为差错的根源。

3. SHEL 模型应用

按照 SHEL 模型理论,统计 2004—2008 年管制员"错忘漏"事件的原因,分类结果见表 1-1。

表 1-1 管制员"错忘漏"事件的 SHEL 模型

SHEL 模型分类	事件原因	事件数量	百分比
个人因素	违规指挥	20	9.9%
	雷达监控不足	19	9.4%
	精力分配不当	18	8.9%
	进程单使用不规范	16	7.9%
	特情处置不当	16	7.9%
	遗忘飞行动态	9	4.5%
	陆空通话不规范	9	4.5%
	技能有限指挥混乱	9	4.5%
	未认真收听机组复诵	5	2.5%
	管制员口误	5	2.5%
	疲劳上岗	2	1%
人与人	"监控席位"未实施有效监控	27	13.4%
	班组资源管理不当	20	9.9%
	对见习管制员放手量过大	5	2.5%
人与硬件	雷达告警不重视	3	1.5%
	席位布局不合理	2	1%
	进程单摆放位置不合理	1	0.4%
人与软件	管制预案不合理	10	4.9%
	规章制度不完善	6	2.9%
总计		202	100%

从 SHEL 模型看,个人因素和人-人界面的问题最多(分别占管制员"错忘漏"事件的 63.5% 和 25.8%)。具体差错原因中,以违规指挥、进程单使用不规范、精力分配不当、雷达监控不足和班组资源管理(team resource management,TRM)不当等几项占比最大。管制员"错忘漏"事件属于人为因素差错(包括个人因素和人与人关系的因素两方面)的次数,约占其总次数的 90%。以上数据表明,人为因素在空中交通管制安全工作中占有极其重要的地位,进一步研究解决、防范管制"错忘漏"问题的发生原因,是空中交通管制系统当前及今后一段时间内的重要工作任务。

1.4.2 Reason 模型

当前的安全观念已经从个人转移到组织机构,但是其内容并非革新,而是一种发展,因为事故预防中管理因素方面的论述早已存在,只不过现在更全面、更系统,而并非推卸个人责任。

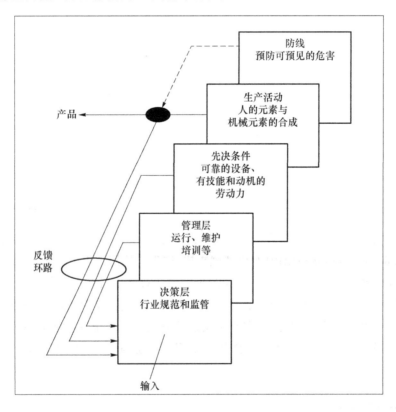

这方面的理论领导人是曼彻斯特(Manchester)大学的詹姆斯·里森(James Reason)教授,从1990年至1997年,他对"组织性事故"进行了系统的、全面的分析。

詹姆斯·里森把航空工业看成一个复杂的生产系统。该系统最基本的一个元素便是决策层(高级管理层、公司法人机构或者监管机构),他们负责设定目标,利用可用的资源来达到两个不同的目标并在其中求得平衡。这两个目标是安全目标、及时高效地运送旅客和货物目标。第二个重要元素是管理层,他们是决策层所做决策的执行者。决策层的决策和管理层的措施要想产生有效的生产活动,必须具备一定的先决条件。例如,必须具有可靠的设备,劳动力必须具备技能、知识和动机,环境必须具备安全条件。最后的元素是防线(防护线),它的作用通常是防止可预见的人员受伤、设备损坏及代价高昂的服务中断。

图1-12描绘的是 Reason 事故原因模型,它展示了人是如何使这种复杂的、相互作用的、防护良好的系统出现崩溃而导致事故发生的。在空中交通管制中,良好的防护指的是存在严格的守则、高的标准和尖端的监控设备。例如,移交与协调规定、双岗制、冲突和低高度告警装置等。由于技术的进步和良好的防护,事故很少完全起源于运行人员(一线操作者)的差错,也很少是由主要设备的失效而直接导致的。实际上,事故是一系列失效或系统中存在的一系列缺陷相互作用的结果。在这里,"失效"一词可指人失去效能,也可以指设备失去功效。其中,许多失效并非显而易见,因此其后果也具有滞后性。

图1-12 Reason 事故原因模型

1.4.3　DECIDE 模型

DECIDE 模型用于分析人为因素的飞行事故和飞行员判断训练。DECIDE 分别是 detect（觉察）、estimate（评估）、choose（选择）、identify（鉴别）、do（执行）及 evaluate（评价）的首写字母。

① 觉察就是搜索飞行空中交通冲突、发现安全不正常情况。雷达管制依靠雷达、程序管制依靠飞行进程单探测飞行空中交通冲突。空中交通管制人员可能出现的错误是"看错""听错"和错误判别飞机呼号、飞行高度、位置报告点及其他情况报告。例如，将呼号相近的飞机的报告混淆，将雷达显示的地速看成高度，看错、填错飞行进程单等。另外，空管人员由于个人因素的影响，如疲劳、注意力分散和转移不当等，也会导致对飞行空中交通冲突、安全不正常情况的警觉性降低，甚至视而不见。

② 评估就是空管人员对发现的空中交通冲突和安全不正常情况进行分析判断。空中交通管制人员要对探测到的飞行空中交通冲突、安全不正常情况的严重程度和发展趋势进行必要的评估。在这一过程中，空中交通管制人员会发生推理错误、计算错误和遗忘等问题。例如，在程序管制过程中，将飞机的相遇点算错、受干扰后将探测到的空中交通冲突遗忘等严重影响安全的问题。

③ 选择就是空管人员基于对发现的飞行空中交通冲突和安全不正常情况的分析判断，寻找应对措施。空管人员根据对空中交通冲突和安全不正常情况的估计，结合自己的知识、经验和实际情况，收集若干应对措施。由于空中交通冲突和安全不正常情况出现的突然性和紧迫性，导致空管人员处理相关问题的时机、时间和精力有限，极可能出现应对措施有缺陷的情况。例如，在雷达管制条件下，空管人员习惯使用航向调配来避免空中交通冲突。但由于军方活动等，可供机动飞行的范围经常受到限制。这时，利用高度差调配的效果可能要优于航向调配，而空管人员却往往因为习惯而忘记利用高度差调配这一有效方法。

④ 鉴别就是空管人员在收集到的众多应对措施中，挑选其中的一个或几个措施准备付诸实施。在这一过程中，空管人员需要分析已有措施的特点，综合考虑当时的有关情况，确定哪些措施是需要采取的，确定采取这些措施的先后顺序。从理论上说，空管人员应当做出最符合当时情况的合理取舍，而实际上，空管人员却往往受到时间、经验和习惯等因素的制约，做出某些折中的选择或基于条件反射的简单取舍。这样的取舍，主观色彩很浓，甚至产生心理学所谓的"虚无假设"；当事者一旦陷入这种虚无假设，便常常难以自觉地纠正，最终导致错误的结果。

⑤ 执行就是空管人员将已经鉴别出的措施付诸行动。空管人员要将自己的决策通知有关机组和其他管制单位，需要把已经鉴别的措施转换为语言，以标准的陆空通话格式，区别轻重缓急、组织好语言并发送出去。与飞行员的操作不同，空管人员实现自己决策的途径是通过语言，而空—地通话却是最容易发生差错的环节。除去在传输、执行过程中的干扰、听错、曲解和延误等错误，空管人员自身的发话就可能出现说错（包括说错呼号、高度、方向等）、漏发、发话太快、发话不完整、发话顺序错误、发话逻辑错误和发话时机不当等问题。空中交通冲突和安全不正常情况的突发性和紧迫性决定了留给空管人员进行语言组织的时间非常有限，很多时候他们是边组织语言边发话，甚至还要思考其他事情，以至出现了发话错误自己还浑然不

知,人为因素所导致的工作差错在这一阶段尤为突出。

⑥ 评价就是空管人员对自己已经付诸实施的措施进行监控。空管人员一般通过"听"和"看"两个途径来对措施实施的效果作评价。"听"就是倾听机组的复诵和报告,"看"就是通过雷达观察飞机动态。在这一阶段,空中交通管制人员最容易发生的错误是漏听和误判,也就是不注意倾听机组的复诵,不注意通过雷达监视飞机动态或对飞机动态判断失误。评价过程中的失误会对下一个"探测—评估—选择—鉴别—执行—评价"过程带来不良影响,甚至可能会人为地使原本并不严重的问题变得严重和紧迫。

1.4.4 人的行为模式模型

人的行为模式模型是通过对外界信息的感知、理解、加工和处理来开展相关的操作,从而实现对人的行为的认知。人的行为模式模型主要包括以下四个阶段,如图 1-13 所示。

1. 感知

感知有选择性、有个体差异、受各种因素影响(疲劳、情绪、药物),可能发生的错误有信息错误、信息正确但易误解。

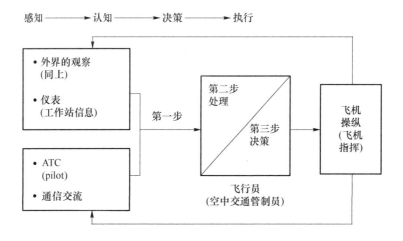

图 1-13 行为模式四个阶段

2. 认知

认知是对感觉信息的性质、意义进行解释,它与情景、经验、习惯和人的期望有关。

(1) 大脑处理信息的模式

① 人脑注意可用数据的能力。

② 区别有关的和其他信息的能力。

③ 需要同时处理几个任务时,大脑迅速转移(处理应急情况)的能力。

(2) 可能的错误

① 注意力集中在一个工作上,忽略了迅速到来的其他信息源,或受干扰而未注意环境的变化。

② 未选择最好的数据,或未交叉校核信息的精确度。

③ 精力太集中,忽略了其他事项(如集中精力找跑道)。

3. 决策

判断决策过程易受社会因素、情绪、压力等的影响。

① 信息正确,由于受各种人为因素影响做出了错误的判断、决策。

② 错误的信息造成错误的判断、决策。

4. 执行

执行时可能由于不利因素(疲劳、药物、酒精等)的影响,体力和思维能力受影响,降低了执行能力。

1.4.5　其他模型

1. PEAR 模型

PEAR 模型代表了做这项工作的人(people,P)及其工作的环境(environment,E)、执行的操作(actions,A)、完成这项工作必要的资源(resources,R),如图 1 - 14 所示。

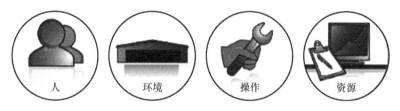

人　　环境　　操作　　资源

图 1 - 14　PEAR 模型

(1) 人

航空维修中的人为因素专注于执行工作的人,以及解决他们的身体、生理、心理和社会心理方面的问题。它不仅必须注重个人的身体能力和影响他们的因素,还应考虑他们的精神状态、认知能力和可能会影响其与他人交往的条件。在大多数情况下,人为因素项目旨在围绕公司现有员工来进行设计。人的因素见表 1 - 2。

一方面,公司不能对所有员工适用完全相同的力量、身材、耐力、经验、激励和认证标准。公司必须使每个人的身体特性与执行的任务相匹配。公司必须考虑每个人的身材、力量、年龄、视力等因素,确保每个人身体能够满足执行工作任务的要求,一个良好的人为因素项目就要考虑到人类的局限性,并据此设计工作。

将人为因素纳入工作设计的一个重要因素是计划休息时间。人们可能在很多的工作条件下感觉到身体和精神疲劳。充足的休息时间和休息期可确保任务压力不超过他们的能力。

另一个"人"方面的考虑,是确保有适当照明,尤其针对年长人员,这也是关于环境的因素。视力和听力测试都是很好的主动预防性干预措施。对个人的关注并不仅仅停留在身体能力上。一个良好的人为因素项目还必须解决会影响表现的生理和心理的因素。企业应该竭尽所能,促使每一个人拥有良好的体质和健康的心理。其中,提供健康和健身教育计划是提高身体健康的一种方法。许多企业已经通过健康膳食来改善其员工请病假的情况,并提高生产力。公司也应该设立项目以减少对化学品的依赖,包括烟草和酒精。

表 1-2 人的因素

身体因素	身高、性别、年龄、力量、五官等
生理因素	营养状况、健康程度、生活方式、疲劳程度、化学品依赖性等
心理因素	工作强度、经验、知识、培训、态度、情绪等
社会心理因素	个人间的冲突等

"人"的另一个问题涉及团队协作和沟通。公司设法促进安全及有效率的沟通,以及在员工、管理人员和业主之间的合作。例如,员工若寻找方法来改善制度、消除浪费、帮助确保持续安全等,则应该得到奖励。

(2)环境

航空维修中至少存在两个环境:在机坪上以及在机库中的工作场所、公司内部存在的组织环境。人为因素项目必须注意这两个环境,见表 1-3。

表 1-3 环境

物理环境	天气、内外地点、工作场所、照明、噪声、安全等
组织环境	监督、劳工关系、压力、公司规模、盈利能力、士气、人员结构、企业文化等

物理环境包括气温、湿度、照明、噪声控制、洁净和工作场所等。公司应与员工合作来决定接受或者更改物理环境,以解决物理环境中所存在的问题。

较难感触到的环境是内部的组织环境。组织环境因素通常与合作、交流、共同的价值观、相互尊重和公司的文化相关。领导力、沟通、共享、安全、盈利能力和其他关键因素所关联的目标促进了良好的组织环境。最好的公司会指导和支持其人员培养合适的安全文化。对组织企业业文化有显著正面影响的一个示例是美国联邦航空局航空安全行动计划(aviation safety action program,ASAP)。ASAP 项目由美国联邦航空局与公司管理层及其员工合作安排,目标是报告并纠正错误,结果是团队合作发展到一个新的水平,促进非惩罚性事件报告,以及同时了解沟通管理错误和成本,确保持续安全。

(3)行动

成功的人为因素项目会仔细分析员工高效、安全地完成作业所必须执行的所有操作。工作任务分析(job task analysis,JTA)是标准的人为因素的做法,用来识别在给定的工作任务中执行每项任务所需的知识、技能和态度。JTA 有助于确定指令、工具和其他必要的资源。坚持 JTA 有助于确保每个员工得到适当的训练、每个工作场所拥有必要的设备和执行这项工作所需的其他资源。许多监管部门要求 JTA 作为公司的一般维修手册和培训项目的基础。此外,很多人为因素挑战关联到使用检查单和技术文档。一个清晰文档有助于明确行动的流程。

(4)资源

最后一个为"资源"。有时很难将资源和 PEAR 的其他元素分开。一般情况下,人、环境和行动的特点决定了资源,资源内容主要有流程、工作单卡、手册、测试设备、工具、照明、培训、质量保证系统、地面操作设备、工作台等。

许多资源是有形的,如电梯、工具、测试设备、计算机、技术手册等。有些资源则不太明确,如工作人员的数目和资历,完成作业的时间分配,组员、督导员、供应商和其他人之间的沟通水平等。广义上,资源是技术员(或其他任何人)完成工作所需要的各种物质。"资源"元素的重点是确定需要的额外资源。

2. MEDA 模型

MEDA 由 maintenace、error、decision、aid 的首字母组成,是波音公司开发的用于调查维修差错的一个重要的人为因素工具。这一工具以"差错的发生是由于一系列的事实或意外"这一事实为基础。运用 MEDA 的目的是调查差错,理解差错发生的根本原因,以预防意外的发生,而不是简简单单地惩罚直接导致差错的人员。

为了打破"惩罚—事故再次发生"的怪圈,MEDA 调查者尝试着找出差错发生的原因而不是找出导致差错的员工。MEDA 以以下三个基本假设为基础:

① 维修人员想尽可能出色地完成任务而不是故意犯错。

② 差错的发生是由一系列的因素导致的。

③ 导致差错的大多数因素都是可以管理的。

MEDA 调查分析方法认为维修差错的发生有很多诱因,从当事人、维修管理、环境和组织结构等方面查找诱因,可以有效减少维修差错的发生。MEDA 的调查指导思想包括以下几方面。

① 任何人都有可能出现差错,在正常情况下,人是不会故意犯错误的,对于故意犯错的行为不在该调查范围之内。

② 维修差错是一系列因素诱发的,包括内因和外因。调查维修差错的目的就是找出所有诱发因素,以便针对性地制订预防和纠正措施,防止类似差错再次发生。

③ 大部分诱因可通过管理与程序加以控制。

④ 从低级别事件调查入手,改进管理,可预防更严重的事件发生。

波音公司联合英国航空、大陆航空、美国航空及一个维修人员工会和美国联邦航空局(Federal Aviation Administration,FAA)制定的实施 MEDA 的五个步骤如下:

① 确定所调查的差错维修单位必须从众多导致事故发生的差错中确定所要调查的差错。

② 确定差错是否与维修相关,只有确定差错是与维修相关,MEDA 才能够继续。

③ 借助 MEDA 调查表格进行调查,使用者能够通过一个调查用来记录:引发调查的事物是什么时候出现的,什么时候进行的维修,导致事故的差错,导致差错的因素等。

④ 措施使用者通过评估、排序、使用、跟踪 MEDA 的改进来避免或降低将来重复差错出现的可能性。

⑤ 使用者必须将调查结果反馈给维修单位,并且使员工知道维修系统已经根据 MEDA 的调查结果做出了相应的整改。

维护操作中的解决方案管理是成功实施 MEDA 的关键。具体来说,管理者必须在开始调查之前对以下活动承担责任:

① 任命一名负责 MEDA 的经理并指定一个团队配合。

② 确定哪些事件将启动调查。

③ 制订进行和跟踪调查的计划。

④ 组建一个团队来决定要实施的预防策略。

⑤ 在实施之前,告知维护和工程人员有关 MEDA 的信息。

正确地运用 MEDA,就能够调查出导致差错的真正因素,并且针对这些因素提出补救措施。同时,这也能够帮助单位避免重复工作、利益受损和由于维修差错而导致的潜在危险。

采用 MEDA 管理理念后,除了有效减少维修中人为差错和事故外,还可以给各航空公司带来以下益处。

① 使机械原因造成的航班延误减少近 20%。

② 改进民航维修的工作程序和工作流程。

③ 降低飞机损坏事件的发生概率。

④ 改变管理中的"惩罚"惯性思维。

MEDA 流程可以帮助飞机的运营人员识别造成维修错误的原因,以及将来如何防止类似错误。由于 MEDA 是用于调查导致错误发生因素的工具,因此维护组织可以准确地找出错误的原因并及时补救。

3. BTA 蝴蝶结模型

蝴蝶结分析法(bow - tie analysis,BTA)是指用绘制蝴蝶结图的方式表示事件(顶上事件)、事件发生的原因、导致事件的途径、事件的后果及预防事件发生的措施之间的关系来进行风险分析的方法。BTA 蝴蝶结模型如图 1 - 15 所示。

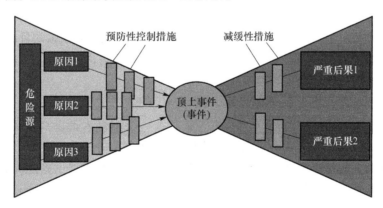

图 1 - 15 BTA 蝴蝶结模型

一般认为,bow - tie 最初被称为蝴蝶图(butterfly diagram),源于 20 世纪 70 年代的因果图(cause consequence diagram)。在 20 世纪 70 年代末,由帝国化学工业(Imperial Chemical Industries,ICI)的戴维·吉尔(David Gill)完善了这种方法,并将其改称为 bow - tie。它是一种风险分析和管理的方法,采用一种形象简明的结构化方法对风险进行分析,把安全风险分析的重点集中在风险控制和管理系统的联系上。因此,它不仅可以帮助安全管理者系统全面地对风险进行分析,而且能够真正实现对安全风险进行管理。

这种方法将原因(蝴蝶结的左侧)和后果(蝴蝶结的右侧)的分析相结合,对具有安全风险的事件(称为顶上事件,蝴蝶结的中心)进行详细分析,用绘制蝴蝶结图的方式来表示事件(顶上事件)、事件发生的原因、导致事件的途径、事件的后果及预防事件发生的措施之间的关系。

由于其图形与蝴蝶结相似,故称为蝴蝶结分析法,这种分析方法又称作关联图分析法。蝴蝶结分析法是一种很容易使用和操作的风险评估方法,具有高度可视化、允许在管理过程中进行处理的特点。它能够使人们非常详细地识别事件发生的起因和后果,能用图形直观表示出整个事件发生的全过程和相关的定性分析,并能帮助人们在事件发生前后分别建立有效的措施来预防及控制事件的发生。

▲ 课后习题

1. 人为因素的狭义定义、广义定义、航空中人的因素定义、空中交通管制中人的因素定义、人的因素定义分别是什么?

2. 人为因素发展的四个阶段是什么?

3. 泰勒主义中关于人为因素的主要观点包括哪几个方面?

4. SHEL 模型的组成结构及特点是什么?

5. Reason 模型的组成结构及特点是什么?

6. DECIDE 模型的组成及特点是什么?

第2章 人类自身的限制

学习提要及目标

本章主要通过对人的视觉、听觉、注意力、记忆、疲劳、应激、生物节律等方面特征的学习，使学生了解人本身是具有一定的功能限制，从而在实际工作中要注意人的特征，避免在不考虑人自身的特征和限制的情况下安排工作和设计产品，从而达到提高效率、减少工作差错的目的。

通过本章学习，应能够：

(1) 理解和掌握视觉系统的组成与功能、视觉特性、色彩视觉；

(2) 理解和掌握听觉系统的组成与功能，了解其易受到的干扰；

(3) 理解和掌握注意力、记忆、疲劳和应激的特征；

(4) 了解和掌握生物节律的概念和特征，掌握倒班对人体的影响。

2.1 视觉限制

人们在生活中所需要的很多信息都是由视觉提供的。当实施管制时，管制员通过视觉观察空中的飞机、机场地面的飞机、行人、车辆；通过雷达显示屏、进程单、气象信息、电报，获取飞行动态的信息等；而维修人员通过观测初步判定元件状态和故障点等。然而，人的视觉是有局限性的，在特定的条件下会严重危及航空安全。同时，飞行中飞行员会产生很多视错觉，管制员、签派员应当了解并提供帮助。本节主要介绍视觉系统的组成和原理、视觉的基本特性、有关的色彩视觉知识以及一些飞行视错觉。

2.1.1 视觉系统的组成与原理

视觉系统(见图2-1)由折光系统(瞳孔、晶状体)、感光系统(视网膜：视杆细胞和视锥细胞、中央凹、盲点)、传导系统(视神经)、视觉中枢(大脑—枕叶)组成。

两种感光细胞的区别如下：视锥细胞主要分布在中央凹上，感受强光，可以区分颜色和细节，用于白天；视杆细胞主要分布在视网膜边缘，不能感知颜色和细节，不能感受强光，而可感受弱光，用于夜间。

盲点是指视网膜上一个视神经从眼球通向脑部的小圆区域。该区域没有视网膜和视神经，对光线不敏感，如果光线汇聚到这里人就看不到影像。

视觉系统的工作原理：折光系统具有透光和折光作用，使物体发出的光线到达视网膜，并使物像聚焦在视网膜上；感光系统是视网膜，视网膜最外层为感光细胞层，它直接感觉光刺激并将其转换为脑脉冲，脑脉冲沿视觉神经传递到大脑，通过视觉中枢产生视觉。

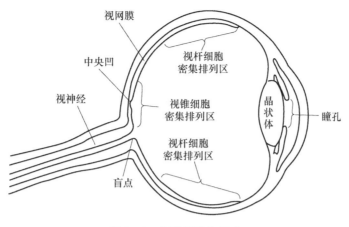

图 2-1 视觉系统的组成

2.1.2 视觉特性

1. 视角

视角是指由物体两端引出的两条光线在眼球内交叉而成的角。物体越小或距离越远,视角越小。

2. 视敏度

视敏度即视觉分辨率,指视觉辨别物体细节的能力。

20/20 为视距 6.096 m(20 ft)时,能看清一个字母,其宽度对应于 1′视角;

20/40 为视距 6.096 m(20 ft)时,能看清视距 12.192 m(40 ft)时的 1′宽度的同一字母;

20/400 为盲人的视敏度

人眼对不同波长光线的敏感程度如图 2-2 所示。

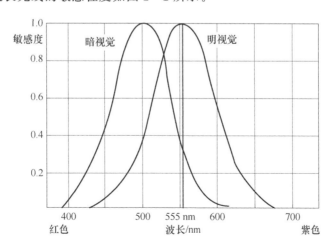

图 2-2 人眼对不同波长光线的敏感程度(视敏度)

3. 视觉特性的影响因素

静态视敏度和动态视敏度(有相对运动):动态视敏度比静态视敏度差,相对速度越快,动态视敏度越差,当角速度达到 40 rad/s 时,动态视敏度只相当于静态视敏度的 1/2。

位置:投射在视网膜上的位置——中央凹最好;10°以外,下降 1/2。

视线:直线最好,靠近视线的目标,可在较远距离发现。

视野:能看到的空间范围。临床医学上的视野是指一眼固定,凝视正前方一点时所能感觉到的空间范围。航空学中的视野则不仅包括眼球固定时所能看到的空间范围,还包括眼球最大运动时及头和眼球联动时所能看到的空间范围。视野不是固定不变的,实际飞行中,视野的大小主要取决于座舱视界的大小、飞机速度及飞行员注意的广度。(如飞行马赫数为 1 时,视野只有静态视敏度的 1/3)。

4. 光线的影响

环境光线明暗变化对人看清物体的影响称为适应,有明适应和暗适应两种,如图 2-3 所示。

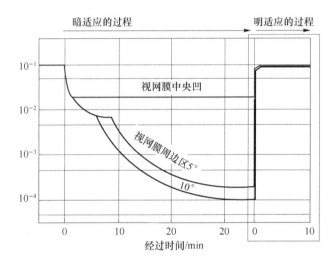

图 2-3　明适应和暗适应示意

从亮处突然进入暗处时,视觉系统对光的敏感度随时间逐渐升高的过程,称为暗适应。人由明亮环境到暗环境,完全看清物体所需时间约 30 min。

从暗处到亮处时,视觉系统对光的敏感度随时间逐渐升高的过程,称为明适应。明适应的进程比暗适应要快得多,通常在几秒内就逐渐恒定。

另一种光线的影响是眩光,是指人眼对一个或多个可见光源在空间或时间上存在极端的亮度对比所产生的不舒服感觉或者观察细部或目标的能力降低的一种视觉现象。

5. 红绿色盲

红绿色盲是指不能区分红色或绿色的色觉障碍。红绿色盲——无法分辨飞机航向、跑道与滑行道的灯光。

色盲是天生缺陷,主要表现为不能区分红绿,全世界约有 9% 的人口为色盲,男性比女性多,有遗传性。

色盲的发生率与人种有关,男性中高加索人最高,亚洲人次之,黑人、土著美洲人最低。通常色盲发生的原因与遗传有关,但部分色盲与疾病(青光眼、糖尿病)、受伤(撞击)或药物副作用(链霉素)有关。

6. 盲点

航空活动中的盲点分三种:生理盲点、夜间盲点和飞机盲点。

① 生理盲点是指视觉系统中的盲点(见图 2-1)。物体光线聚焦到生理盲点时,人会看不见物体。

② 夜间盲点是指视网膜中央凹处。正视前方物体时,物像投射在中央凹处,而带着一定角度看物体时,则投射于中央凹周缘。夜间看东西时,若正视前方物体,物像投射在中央凹处的视锥细胞上,视锥细胞不能感受弱光,因此,人看不清物体,感到视觉模糊。克服办法:偏离物体中心 5°~10°做缓慢扫视运动,使物像投射在中央凹周缘的视杆细胞上,即偏离中心注视法。夜间盲点示意如图 2-4 所示。

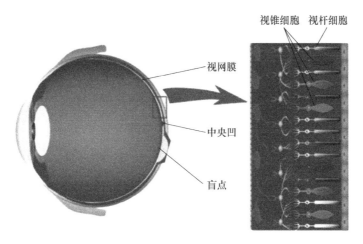

图 2-4　夜间盲点示意

③ 飞机盲点是指飞机设计缺陷或操纵过程中产生的遮挡飞行员视野或视线的飞机部位(应考虑座位基准、视线、正常飞行驾驶盘位置等)。

7. 年龄对视力的影响

随着年龄的增大,视力逐渐降低,其主要原因是晶状体调节能力降低(范围和快慢)、透光能力降低(黄色、强短波吸收能力)、蓝色识别能力降低、患白内障等。

8. 视听结合效果与信噪比的影响

在有噪声的情况下,视听结合的效果比单独听要好,如图 2-5 所示。

9. 闪烁及对闪烁的探测力

① 闪烁的频率用周数/s(cycle per second,CPS)或赫兹(Hz)表示。闪烁的频率高于 120 Hz 时就看不出闪烁了,该点称为临界闪烁频率,该值随人和情况的不同而变化。闪烁显示技术常被用来引起管制员对某种信息的注意。

② 影响对闪烁探测力的因素如下:

a. 亮度。亮度增加,更易发现闪烁;在亮度大时,临界闪烁频率可为 60 Hz;

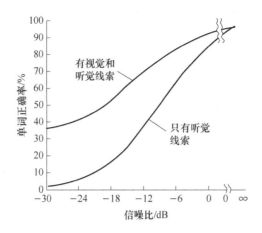

图 2 - 5　只有听觉线索及视听结合时单词的可理解性

b. 视线。直线平视与从周边看所得效果不同。平直看是不闪烁,从周边看可能看出闪烁,因视杆细胞比视锥细胞对闪烁更加敏感。

c. 年龄。年龄增大,探测闪烁的能力下降,因为通过晶状体的光少了,而对闪烁的敏感度与亮度有关。

10. 深度知觉及其影响因素

感觉物体空间位置的能力称为深度知觉。

① 单眼线索:主要强调视觉刺激本身的特点。在视觉中有以下几种:

a. 对象的相对大小,如图 2 - 6(a)所示。如从天上看地下的物体比在近处看它要小,这种物体大小和距离的关系,有时既可导致对距离的错误判断,也可导致对大小的错误判断。当得到的距离信息是错误的,则感知的物体大小也会受到影响。如月亮在地平线看比在夜空中看要大,这称为月幻觉,其原因在于,我们的信息认为在地平线距离比在空中要小。

b. 遮挡。如果一个物体被另一个物体遮挡,前面的物体就看起来近些,如图 2 - 6(b)所示。

c. 结构级差。视野中物体在视网膜上投影的大小及密度的递增和递减,称为结构级差,当投影增大或密度减小时,则认为物体较近,如图 2 - 6(c)所示。

d. 明亮和阴影。黑暗和阴影看起来仿佛后退,显得离我们远一些;而明亮部分突出,显得离我们近一些,如图 2 - 6(d)所示,这也可能造成错误的距离判断。

e. 线条透视。线条透视是指空间对象在一个平面上的几何投影,同样大小的物体离我们近时,视角大,视像也大;离我们远,则视像小,如图 2 - 6(e)所示。看跑道时,近处跑道显得宽,远处则显得窄,这是线条透视的视觉效应。

f. 运动视差。由头和身体运动而引起视网膜映像与物体关系的变化,称为运动视差,如图 2 - 6(f)所示。视野中各物体运动速度的差异,是估计它们相对距离的重要线索。

g. 空气透视。空气透视与大气条件有关,天气晴朗,空气透明度大,看到的物体更清晰,就觉得近些;阴雾沉沉,空气透明度差,看到的物体就觉得远些,这通常使飞行员在进场时误判高度和距离。

② 双眼线索:主要指双眼的辐合作用和双眼视差所提供的距离信息。

a. 辐合作用。所谓辐合是指两眼视线向注视对象合拢。看远物,两眼近似平行,看近物,双眼视线则汇合在物体上,眼睛控制视线辐合时产生的动觉给大脑提供判断物体远近的线索。但是,辐合作用所提供的距离线索只在几十米范围内起作用。如果物体太远,视线趋于平行,对物体距离的感知则依靠其他线索。

b. 双眼视差。人的双眼相距约 65 mm,当看立体物体时,双眼从不同角度看这一物体,视觉便有差别:右眼看到右边多些,左眼看到左边多些。这样,两个视像落在两个视网膜上的位置便不完全相同,也不完全重合,这就是双眼视差。双眼视差是空间立体知觉的主要线索。

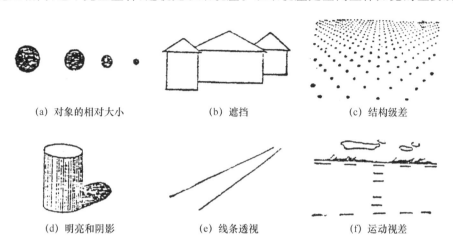

(a) 对象的相对大小　　　　(b) 遮挡　　　　(c) 结构级差

(d) 明亮和阴影　　　　(e) 线条透视　　　　(f) 运动视差

图 2 - 6　深度知觉的几种重要的单眼线索

2.1.3　色彩视觉的感知

色彩在发现和区别显示器上的信息方面比物体的形状和大小更有帮助。实验表明,用单色显示的信息项目从 30 个增加到 60 个时,搜索时间要增加 108%,而用彩色时,则只增加 17%。有效地使用色彩表示信息也有一些严格的限制:色彩吸引注意的能力取决于色彩的使用量,色彩类别应当不超过 7 种。

色彩以正弦波的形式在空中传播。用波长来区分时,人眼能见的波长限于 400～700 nm($1 nm = 10^{-9} m$),能见到的单色光有紫色(400 nm)、蓝色(470 nm)、绿色(550 nm)、黄色(570 nm)、红色(680 nm)等,如图 2 - 7 所示。

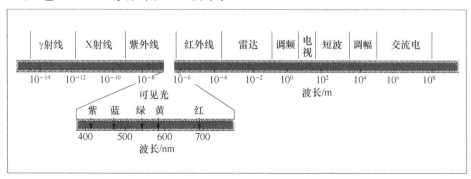

图 2 - 7　电磁光谱的范围及其对应的波长

1. 色彩的特性

色彩的特性有亮度（brightness）、色调（hue）和饱和度（saturation）。亮度是我们感受到的由暗到明亮的变化，亮度随着光强度的增加而增加，但也受背景等其他因素的影响。不同的波长产生相应的不同色调，但也受亮度影响。饱和度指颜色的纯度，高饱和度色彩显得生动，低饱和度色彩显"陈旧"。保持波长不变时，增加强度不仅改变亮度，也改变色调和饱和度。

2. 形成颜色的色度

同一种颜色，其亮度、色调和饱和度方面的一些细微变化，可形成不同颜色外观的同一种颜色，即颜色的色度。例如，在使用蓝色时，可以得到不同色度的蓝。编码时，至少有三种方法可以改变一种颜色的色度：改变色调、改变饱和度、改变亮度。

① 改变色调。颜色色调的细微改变是形成不同色度颜色的一个有效方法。色调是色彩的一种特性，颜色的色调就是通常所指的颜色名（如红、蓝、绿等）。在 CRT 上，给一种颜色中少量加入另一种颜色，可形成不同的色度。例如，在蓝色中加入绿色，可形成一系列的蓝绿色。虽然颜色主要是蓝色，可根据不同的绿色加入量来改变蓝色的色度。

② 改变饱和度。改变颜色的饱和度也可用来改变色度。饱和度或颜色纯度，指其相对于一种浅的颜色（如灰色）的外观。任何一种颜色都有彩色（如蓝色）和非彩色（如白色和黑色）成分。彩色和非彩色成分的比例决定了饱和度。饱和度低的颜色主要由非彩色成分组成，看起来比较黯淡。随着彩色成分的增多，颜色则越来越饱和。要形成不同色度的蓝色，则可在蓝色中加入少量的绿色和红色，这样可得到一系列饱和度较低的蓝色色度。

③ 改变亮度。例如，可通过减少蓝色的输出，形成蓝色的色度。

3. 影响颜色外观的其他因素

① 对比效应。靠近的另一种颜色或之前看到的颜色，会改变现在看到的颜色，这种现象称为对比效应，分为连续对比效应和同时对比效应。

a. 连续对比效应（见图 2-8）是一种短时性的影响，当凝视红方块上的点后，再看边上的白方块上的点，白方块显绿色；而目光从黄方块上的点移到白方块上的点，白方块呈现蓝色。

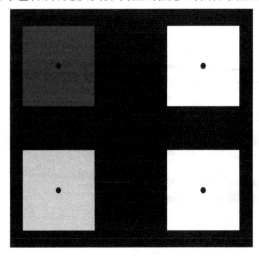

图 2-8 连续对比效应

b. 同时对比效应(见图 2 - 9)是指两个完全相同的图像,如果背景色不同,则看起来也不同。如白色字母在蓝色背景下显黄色,在红色背景下显绿色。应用同时对比效应可增强显示信息的探测,如要增强对黄色信息的探测可用蓝色背景。

② 同化(见图 2 - 10)。有时,一个图像与不同颜色背景,不像对比效应那样相互抵消,而是混合,称为同化。

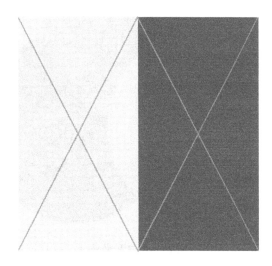

图 2 - 9 同时对比效应

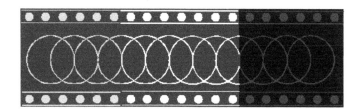

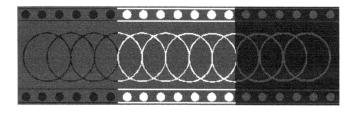

图 2 - 10 同化作用

2.1.4 空中交通管制中的色彩显示

1. 7 种基本颜色

已有一些研究者研究彩色编码信息中不同颜色的数量问题,他们所研究的数量有 4～10 种。一般都选择 6 种或 7 种颜色,因为颜色种类越多,出现混淆的可能性越大。

根据 CRT 的特性,7 种颜色可能是最佳数量。空中交通管制色彩显示要求可以同时提供

7种不同的颜色：红色、黄色、绿色、青色、蓝色、品红色和白色，如图 2-11 所示。

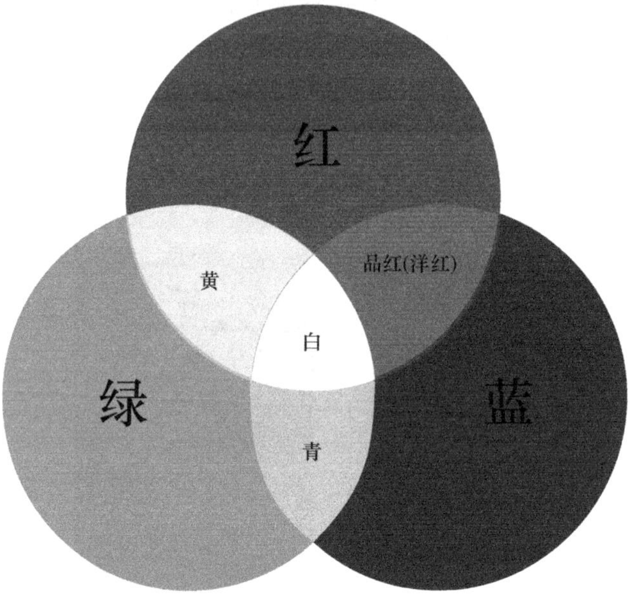

图 2-11 7种颜色

提供给管制员的信息是基于以下编码：

绿——显示屏上大部分信息的颜色。

白——用于显示新的信息或改变了的信息。

黄——表示警告或需要注意的情况。

红——表示需要马上注意的危急情况。

蓝——表示气象信息图和数据块。

青和品红——表示运行信息，如飞机航向。

这种色彩编码有两个基本功能。第一，为不同类型的信息分配颜色，如蓝色表示气象信息，绿色是飞机。这样，感知时可将显示屏上类似信息进行分组。第二，白、黄和红色表示显示项目的状态。

色彩编码的这两种不同的功能对色彩有不同的要求。当色彩编码用于将类似信息组合时，对色彩分配的一个要求是：这些色彩看起来要不一样。色彩的区分比色彩识别更重要。此时，蓝色看上去要和绿色不一样，比选择特定的蓝色更重要。而提供告警信号或状态信息的色彩编码则需要对特定色彩的识别。例如，用黄色显示的信息，如果希望管制员能迅速将它理解为警告，那么它看起来必须确切是黄色。很淡的黄色可能会误解为白色，不会引起观察者的注意。总之，当需要对色彩进行绝对辨认时，显示屏上不同色彩的数量应最少。色彩编码如图 2-12 所示。

2. 色彩中饱和度的选择

对于空中交通管制环境，低饱和度色彩较好，高饱和度色彩会产生强烈的彩色残留影像，且对于高饱和度的蓝色和红色物体，眼睛的适应性调节有困难，从而形成彩色立体影像，即蓝

图 2 - 12　色彩编码

色和红色物体看起来深度不同。但是,如果降低饱和度,色彩的警告特性则可能会降低,而且饱和度低的色彩比饱和度高的色彩看上去更加趋于相似。这意味着,有时应采用高饱和度的色彩。例如,当显示屏在白天用于空中交通管制塔台时,应采用高饱和度,这样颜色比较清楚。但在夜间,环境照明低,同样的设备上同样的显示看起来会有困难,可能会引起彩色立体影像。因此,空中交通管制显示屏上所用色彩应根据所处环境仔细选择。

3. 选择除 7 种基本颜色之外的颜色

在选择时,需要考虑以下方面。

① 说明选择的颜色的名称(如粉红、褐色、橙色等),并确认这些名称与所要编码的信息一致(例如,用黑色表示地形信息)。

② 确定要使用颜色的外观:确认外观与给出的颜色名称一致相关(例如,它看上去确实像红色);确认色彩外观的细微改变不会影响观察者对颜色的称呼(例如,红色看起来还是红色,而不是橙色或粉红)。

③ 确定要使用的颜色和其他颜色有一定的差别,并预测可能出现的颜色混淆。

④ 预测可能遇到的不利情况下颜色的外观。

⑤ 评估潜在的颜色混淆的影响。例如,如果粉红色被误以为是红色,对用户来说会出现

什么问题？如果红色误以为是粉红会出现什么问题？

⑥ 确定能否限制有可能混淆的颜色同时出现在显示屏上（例如,决不同时显示粉红和红色）,确定保证两种颜色不会混淆的必要条件。

在最后确定之前,所有选择的颜色应在运行环境中进行评估。

2.1.5　一般性视错觉

大脑对知觉对象曲解的原因复杂,与人的经验、环境变化、期望、动机等有关。

① 几何视错觉主要包括以下几种（见图 2 - 13）。

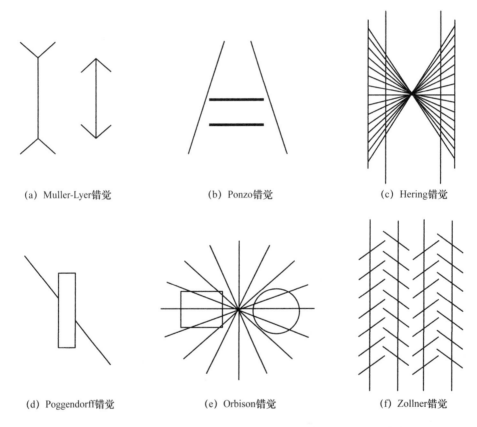

(a) Muller-Lyer错觉　　　　(b) Ponzo错觉　　　　(c) Hering错觉

(d) Poggendorff错觉　　　　(e) Orbison错觉　　　　(f) Zollner错觉

图 2 - 13　几种常见的几何图形错觉

a. Muller - Lyer 错觉:箭头开口向外的线段看起来比开口向内的线段长。

b. Ponzo 错觉:夹在梯形线中较狭窄部分的水平线段比另一线段长。

c. Hering 错觉:因背景斜线的影响,直线看起来是弯曲的。

d. Poggendorff 错觉:一条直线的中部被遮盖住,在交界处看起来错位了。

e. Orbison 错觉:正方形和圆看起来变形了。

f. Zollner 错觉:平行线看起来是不平行的。

② 立体视性错觉主要包括以下几种（见图 2 - 14）。

a. Necker 立方体错觉:小圆有时出现在立方体背面,有时又出现在立方体前面。

b. Schroeder 楼梯:当图颠倒过来看时梯级发生了变化。

c. Penrose 三角图形错觉：给人的感觉是似三角又不是三角，最终不能知觉为一个真实的物体。

d. Schuster 错觉：一个底座的三条臂有时看起来只有两条。

e. Freemish 板条箱错觉：因完整精确图形诱发的整体虚假知觉。

f. 与"e"具有相同的结构，但透视图却不一样。

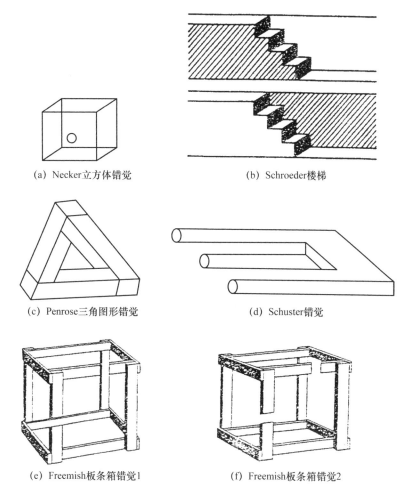

(a) Necker立方体错觉　　　　(b) Schroeder楼梯

(c) Penrose三角图形错觉　　　　(d) Schuster错觉

(e) Freemish板条箱错觉1　　　　(f) Freemish板条箱错觉2

图 2 - 14　立体视性错觉

③ 似动性错觉是指实际上不动的静止之物，很快地相继刺激视网膜上临近部位所产生的物体在运动的错误知觉。最常见的似动错觉主要有如下三种。

a. β运动，如在不同的位置上有两条直线 A 和 B，如果以适当的时间间隔（0.06 s），依次先后呈现，便会看到 A 向 B 移动并倒下，如图 2 - 15 所示。实际生活中的电影和霓虹灯的运动都属于 β 运动。

b. 诱导运动：一个运动的物体使相邻的一个静止物体产生运动的假象，在没有更多参照物的条件下，人可能把它们中的任何一个看成运动的。如在飞行中，既可以把飞机视为运动的，也可以把云团或地面视为运动的。另外，如年幼时坐火车，当旁边的火车开动了，觉得自己也在动，但一看地面才发现自己其实并没有移动。此外，大家可以晚上看看天上的月亮，夜空

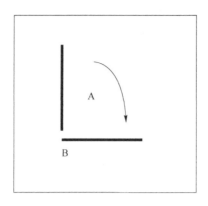

图 2 - 15　β运动

中的月亮是相对静止的,而浮云是运动的,可是我们也会觉得月亮也在运动。这些都是属于诱导运动的范畴。

c. 自主运动:如果在暗室中注视一个静止的光亮,过一段时间便会感到它在不停地运动。比如,晚上就可以试试看天上的星星,感觉在"眨眼睛",这就是自主运动;当有人在黑暗的房间抽烟时,你一直盯着烟头,或其他光点,你也会觉得它在运动,并可以发现自主运动是一个静止的物体,如图 2-16 所示。

图 2 - 16　自主运动

2.2　听觉限制

管制员工作需要很多信息。在工作中,与飞行员、其他管制员及相关人员进行通信联系,是管制员获取信息的主要方式之一,但是旁边的声音、背景噪声,以及人耳听到的其他各种声音组合成复杂的听觉刺激,这需要管制员将众多声音过滤,以接收有用的信息。有时,这很容易做到,例如,环境噪声比较小时,飞行员清晰的声音不会与低环境噪声混淆。但是,有时候就没有这么简单,例如,当某管制员正在接收另一个管制员传来的信息时,飞机联系通信的声音就很容易被忽略。因此,如何通过听觉系统获得准确的信息至关重要。

2.2.1　声音的物理特性

1. 声音的发生和传播

我们来看看声音的产生。当你拨动吉他的琴弦时,琴弦的来回振动将压缩周围的空气。当振动的琴弦移动时,它将向相反方向挤压空气,形成一个减压区。随着琴弦来回振动,它将使空气压力一会儿增大,一会儿减小,即产生了声波。这种空气压力交替增、减在空气中约以 $340\,\mathrm{m/s}(Ma1)$ 的速度传播,最后到达人耳。人耳的鼓膜随着气压的变化而产生振动,通过由耳鼓和三块听小骨组成的中耳将声压转为机械能,再由内耳的听觉神经传递到大脑,使人听到声音。人耳的结构如图 2-17 所示。

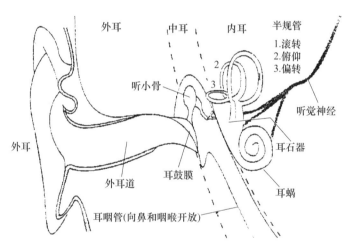

图 2-17　人耳的结构

2. 主要参数

使空气压力交替变化的最简单声音是单音/纯音,或正弦波音调。正弦波的主要属性是它的频率和振幅,如图 2-18 所示。

频率是单位时间压力周期变化的次数(循环的次数),单位是赫兹(Hz)。

振幅或声强是声压的大小,单位是 $\mathrm{N/m^2}$,即单位面积上的压力。为了表示方便,振幅也可用分贝(dB)表示。使用简单的声音测量仪表(例如,各种各样的声级测量仪表)都可以测出声音的强度(dB)。单个正弦波音被认为是纯音,是因为任何波形都可由一组有特定频率和振幅的正弦波组合而成。由多个正弦波组成的声音称为复合音。我们所听到的绝大部分声音都是复合音。

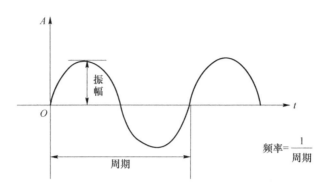

图 2-18 正弦波

通常,我们所听到的复合音的音高(pitch)是该声音频率最低部分的音高,这一部分被称为基本频率。该声音的高于基本频率的频率称为谐频,谐频会影响声音的音质或音色。两种乐器,如喇叭和钢琴,演奏同样的音符时,所产生声音的基本频率是一样的。但是,它们的高频部分,或谐频则不同。这些谐频使不同乐器的音质不同。如果去掉谐频,只留下基频,那么一只喇叭和一架钢琴演奏同一音符时,声音听起来一样。各种声音的强度见表 2-1。

表 2-1 各种声音的强度

声压级/dB	举例	备注
0	听阈	
10	正常的呼吸声	
20	树叶沙沙声	
30	无人的办公室	
40	夜间住宅区	
50	安静的餐馆	
60	两人对话	
70	繁忙的交通	
80	嘈杂的汽车	
90	城市公共汽车	
100	地铁	长期处于噪声条件下会损害听力
120	螺旋桨飞机起飞时	
130	手枪射击,近距离	
140	喷气式飞机起飞时	痛阈
160	风洞	
220	大炮,近距离(12 发大炮,在炮口前/下 4 m)	

3. 声音的物理特性与听觉的关系

人耳能听到的声音频率范围是 20~20 000 Hz。但只对 500~5 000 Hz 频率范围内的声音敏感,这也是人的语音频率范围。当频率太高或太低时,人耳的敏感性将急剧下降,也就是说,不同频率的声音需要具备不同的能量,人才能听到。人耳对 2 500 Hz 左右频率的声音最为敏感。此时,即使是鼓膜振动不超过一个氢分子直径的距离,我们都可以感知到。

声音频率提高时,我们可以感觉到音高提升。但应注意,我们感受到的音高提升与频率提高并不完全对应。因为音高与频率有关,同时也与振幅有关。增加低频音的强度,音高降低,增加高频音的强度则音高提升。

声音频率不变,增加其振幅时,声音响度会提升。响度是我们对声音强度的主观感受,它不是声音的物理属性。响度与强度(振幅)和频率有关,如 1 000 Hz、40 dB 与 100 Hz、60 dB 有相同的响度,如图 2-19 所示。

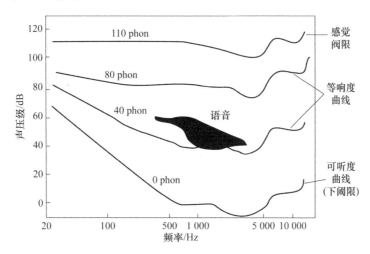

图 2-19　年轻人绝对听觉阈限—频率曲线

2.2.2　影响听力的因素

影响听力的因素有很多,下面介绍几个主要因素。

1. 年龄影响

年轻人的听力范围为 20～20 000 Hz,随着年龄的增长,这一范围逐渐减小。因此,很少有超过 30 岁的人可以感知到 15 000 Hz 以上频率的声音。50 岁左右时,高频极限约为 12 000 Hz;70 岁时,约为 6 000 Hz。这种随年龄增长而出现的听力损失称为老年性聋(presbycusis),通常,50 岁男性比女性更容易出现这种情况。年龄增长主要使高频音损失,人在 4 000 Hz 的听力,50 岁为 25 岁的 1/100。

老年性聋的确切原因到现在还不清楚。因为每个人随着年龄的增长而导致的高频听力损失程度相差很远。一个可能的原因是,随着年龄的增长,血管发生变化,从而限制了耳内听力神经的血液供应。另一个可能的原因则是,因为年老之后出现的累积病症。例如,抽烟者比不抽烟者更容易出现与年龄有关的听力损失,这可能是因为血液循环受到尼古丁的影响。还有其他一些可能,但最有可能的是,长期处于噪声条件下所造成的累积效应。

2. 突然或是长期处于噪声条件下对听力的影响

突然的大噪声会引起听力损失,如枪炮射击声、鞭炮声。

在现代工业社会里,长期处于噪声条件下是很普遍的现象。即使声音的强度还不足以马上引起听力损失,但是长期处于这种噪声条件下,也可能导致听力损失,尤其是高频声音。有研究表明,无防护的装配线或机场工作人员的听力损失程度与工作时间长短有关。类似的还有摇滚音乐会的音乐声也会损害人的听力。

噪声对听力的损害取决于其强度和持续时间。因此,一生长期处于噪声条件下的累积效应可能与老年性聋有关。

3. 适应与习惯

同一声音重复出现时,人对声音的感知能力不是一成不变的。这可能是因为适应的原因。适应是指在噪声环境下,听觉系统灵敏度暂时降低。当某声音重复出现时,人对它的敏感性会降低。当你坐在一个房间里,电扇第一次打开时,你可能会注意到它的声音,但过了一会儿以后,你可能就注意不到电扇的噪声了,这是习惯。适应与习惯不同,可作如下区分:当某声音(如电扇)强度突然降低(或关掉),如果是习惯,那么当电扇关掉时,你会注意到它,即使当它开着时你可能并没注意它,而适应则不会注意到。

当某声音重复出现时,习惯的重要性是很明显的。人有一种自然的趋向就是忽略重复出现的事物,而对新事物比较关注。忽略重复出现的事物,并假定它们之间没有关联,这样,感觉通道就可以处理新的信息。在设计告警系统时,应注意这一点。如果一种告警频繁出现或者多次出现虚假告警,那么,当它包含真正的重要信息时,人们也会忽略它。

4. 环境噪声影响

在实验室里效果很好的告警信号在实际工作中可能根本听不到,这就是因为环境噪声的影响,这种现象称为屏蔽(masking)。对于单音屏蔽,已经进行了很多研究,其研究结果:当环境噪声频率与信息音频率类似时,屏蔽效应最严重(信息声音最难被听见);当信号音频率高于环境噪声频率时,屏蔽影响比较大;当信号音频率低于环境噪声频率时,屏蔽影响比较小。

屏蔽效应很复杂。虽然空中交通管制系统中的声音一般都不是单音,但是在研究新的语音告警信号的频率组成时,还是有必要考虑其声学频率组成。任何告警信号的各频率成分都应评估其混淆性和屏蔽效应。屏蔽是一个复杂的现象,但只要知道了噪声的频率组成,就可以通过选择信息音频率组成来降低屏蔽效应。

有时,双耳可以减少屏蔽效应。要演示这一效果,可以戴上耳机,让声音分别传送到两只耳朵。假定将某信号声音送到右耳,当环境屏蔽噪声也送到右耳时,右耳因为屏蔽效应听不到该信号音。接着,如果将同样的屏蔽噪声(没有信号音)送到左耳时,人耳又可以听到信号音了。也就是,当信号音仅送到一只耳朵时,送入双耳的噪声可以同信号音分隔开,这就是双耳无屏蔽(binaural unmasking)。双耳无屏蔽可以帮助我们在噪声环境中集中注意力听某一组声音信号。对于管制员来说,这是一个常见的情况,可以忽略环境中其他谈话,而专注于某一通话。但是,如果另一场谈话里碰巧提到了你的名字或部门,那么你就有可能将注意力自动转移到那里,这将削弱人处理信息的能力。

总而言之,环境音频率与信息音频率相同时影响最大(最难被听见);信息音频率低于环境音频率时,影响小;信息音频率高于环境音频率时,影响大。该规律可用于在已测知环境噪声频率后,选定告警信息的频率,以减少噪声干扰。

2.2.3　影响听懂语音的因素

1. 信噪比

信噪比即信号与噪声之比,对语音理解力的影响遵循屏蔽规律,还与噪声量的大小有关。在噪声环境里,一些重要的语音信息可能会被屏蔽。特别是,频率等于或高于环境噪声频率的语音信息更容易丢失。通常,随着噪声级的增加,听懂语音的能力随之下降。

2. 语速

语速快了,特别在高频语音时,语音信息的丢失增多。在噪声环境下、说话者语速较快时,比在噪声环境下、语速慢或者在安静的环境下语速快,更容易丢失语音信息。

3. 年龄影响

年龄对语音感知的影响有两方面。首先,年龄的增长会削弱听觉灵敏性,尤其是对高频信号的灵敏性,使得难以听懂某些话语。其次,大约 50 岁以后,人分辨某些语音的能力会降低,这使得在噪声环境里更难听懂语音。

与正常情况相比,当语音被打断、加速或背景有其他声音时,人们理解它的能力则会降低。这在一定程度上与听者的年龄有关。大约从 50 岁开始,这些不利的语音情况会影响人对语音的理解,但对听懂语音没有太大的影响,到 70 岁左右时,理解语音的能力会急剧下降,如图 2-20所示。

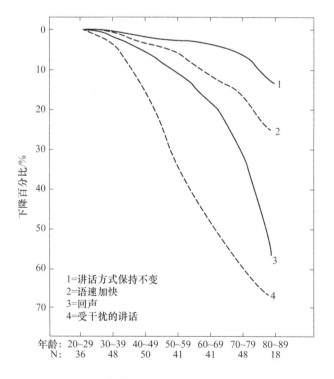

图 2-20　年龄及说话方式对语音感知的影响

4. 发射语言的装置

电话、无线电、耳机等装置会有选择性地削弱某些频率的语音。如飞机无线电常降低 3 000 Hz 以上频率语音的可理解性,这些频率正处于人的语音范围内,因此有些语音信息可能会丢失,但损失不大。目前,高质量的耳机已能满足管制员工作的需要。

5. 回声(echo)

回声即延迟的声反馈的影响(一先一后的相同语音)。对管制员的试验表明,即使是 5 ms 的滞后也会令人不快。5%的管制员甚至可以察觉到小到 3 ms 的滞后。所幸的是,只要采用好的设备,这个问题即可避免。通常认为,滞后在 30 ms 以下时不影响对信息的理解。

2.3 注意力限制

2.3.1 注意力在信息处理中的作用、类型和特点

1. 作用

在众多信息中发现并关注需要的信息,从记忆中提取需要的知识、经验、预备方案,都需要注意力。注意力是一种有限的资源,被用于处理大量信息以支持日常的活动。

2. 类型

有单通道模式和多通道模式两种。单通道模式注意力集中在一个范围内,感知时处理自动进行,但每次注意力放在一个项目上;多通道模式注意力要关注两种以上的项目,对不同任务可平行进行,但有相互干扰,所以要用分时法。多通道模式注意力的类型和事例见表 2 - 2。

表 2 - 2 多通道模式注意力的类型和事例

类型	事例
听力对目视	空中交通管制通话和音响式警告对雷达显示器、其他仪表扫视监控及塔台能见监控
语音对手动操纵	空中交通管制通话对使用鼠标操作雷达目标、键盘输入
代码处理:语言对空间	处理导航协调、无线电频率及理解对话对跟踪、保持空间定向
处理阶段:感知和认知	雷达显示器及其他仪表扫描、训练、听、计算、预测对说话、开关活动及手动操纵

3. 特点

注意力是一种有限的资源,因为实践越多对注意力要求越少,所以要善于利用和加强实践。

2.3.2 注意力的使用

有效地利用有限的注意力资源,在使用注意力时要注意三点,即选择、集中、分配和转移注意力。

1. 选择

在适当时间把注意力放在最关键的信息资源上称为选择。有时,注意力使用不当,如飞行

员只注意了速度而忽略了高度。管制员的主要任务是监控冲突,更应选择好应当投入注意力的信息。此外,人通常不善于完成需要"警惕性"的监控任务,这种任务要求探测出新目标,人通常在 30 min 单纯警惕性任务(如监控自动化情况,只能保持 20 min,但空中交通管制工作不是单纯警惕性任务)后,效能会迅速下降。

2. 集中

集中注意力是另一个限制,在视线正面的信息易注意,有色彩、亮度大的易注意。听力注意力在听到两种不同声音时易集中于需要注意的一种。在时间紧迫、工作负荷重时,注意力难以集中到其中某一个方面。

注意力分散很容易导致出错。如 1998 年某地区发生事故征候时管制员在打私人电话。有时,带班管制员给见习管制员讲解,而协调管制员也一起听,都忽视了对飞行动态的掌握,这也容易出现差错。

3. 分配和转移注意力

当需要同时注意不止一种信息时,要有效地分配和转移注意力,如管制员在注意显示器上的数据块时,集中听力与飞行员进行空地通话,同时处理不同的信息。因注意力的有限性,可能出现"错忘漏"现象,克服方法有听复诵并判断正误、好的显示方式及提示等。目视编码技术可增加吸引力,如色彩、亮度、闪烁、音响(如劫机、冲突信息)。

2004 年 1 月 20 日,管制员精力分配不当,导致南方航空公司 CSN3196 航班与厦门航空公司 CXA8368 航班在广州进近管制区发生飞行冲突。

事件经过:1 月 20 日,南方航空公司 CSN3196/B2804/B757 执行北京至广州航班任务,11:35由 EGANA 进入广州进近管制区,飞行高度 4 200 m,由于雷雨机组请求飞航向 190°,管制员同意其绕飞并指挥该飞机下降至 3 300 m 并保持。厦门航空公司 CXA8368/B2999/B737 执行广州至武夷山航班任务,11:36 由广州白云机场起飞,11:42 与广州进近管制建立陆空通信联系,飞行高度 2 700 m,管制员指挥其上升至 3 600 m。11:43,当 CXA8368 上升到 2 870 m 时,管制员发现给 CXA8368 上升高度的指令有误,立即指挥 CXA8368 保持 3 000 m 并右转航向 120°,指挥 CSN3196 右转航向 270°,试图避免两机的飞行冲突。同时,CSN3196 机组报告机载防撞系统(ACARS)告警并要求上升高度,管制员指挥 CXA8368 上升到 3 600 m。雷达录像证实:两机交叉飞行,CXA8368 上升到 3 230 m 时,CSN3196 的飞行高度为 3 350 m,最小垂直间隔为120 m,水平距离 1.9 km。

空中交通运行环境的不良,导致管制人员的注意力分配不合理,待采取避让措施时已错过有利时机。如果合理分配注意力,类似事件应该可以减少或避免。图 2-21 给出了合理使用注意力的几种方式,虽然只是我国一些管制员的实践体会,但还是有参考的价值。

① 假设某扇区内有(A,B,C,D,E,F,G,H)八架飞机。在正常情况下,如果各飞机之间没有冲突,管制员的注意转移模式呈现"环形",如图 2-21(a)所示。每循环一圈所用时间不应超过 5 min。

② 如果 A、B 飞机之间有冲突,管制员的注意力会很自然地集中到 A、B 两架飞机上。如果把注意力都集中在 A、B 两架飞机上,就会忽略其他飞机,使其他飞机"失控"。这时,如果其他飞机之间又发生冲突,就会被忽略,从而发生差错。因此,在调配冲突时,注意力的转移可以

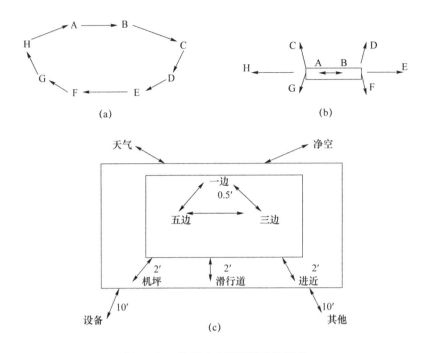

图 2 - 21　注意力分配与转移的模式

是"星形"模式,如图 2 - 21(b)所示,把冲突飞机置于注意力转移的核心,在集中精力调配冲突的同时,每隔一段时间,就看一下其他飞机,这样就可以及时发现其他飞机的异常情况。

　　③ 实际情况中注意对象的数量很多,这就需要把所有的注意对象按重要性分成不同级别的"核心区"。对不同级别的"核心区",注意转移的时间间隔是不同的。例如,某机场的起落航线上有 4 架飞机,地面有 1 架飞机,塔台管制员需要注意的对象不仅包括起落航线上的飞机,还包括地面的飞机、即将进入塔台管制范围的飞机、道面情况、天气情况、导航设备情况、净空情况等。在这种情况下,可以把空中的飞机划分成第一级别的"核心区",注意转移的时间间隔为 0.5 min;把起落航线、机坪、滑行道及进近管制室的相关情况划分成第二级别的"核心区",注意转移的时间间隔为 2 min;把飞行情况、净空情况、设备情况和天气情况等划分为第三级别的"核心区",注意转移的时间间隔为 10 min。整个席位上,注意的分配与转移的模式就是图 2 - 21(c)的形式。

2.4　记忆限制

　　从生物学角度看,人脑是记忆形成的重要器官。脑中有许多神经元和突触,当接收到信息时,神经元会释放神经递质,并与其他神经元形成新的联系,记忆也就在此过程中形成。但是,在记忆形成过程中,神经元的链接是动态变化的,不仅可以加强联系,还可以减弱链接,从而形成长期和短期记忆。

　　感知存储是记忆的一种,在信息处理中有重要作用,能把对环境的感受保存一段时间,还可以根据过去的经验储存图形,如飞机构型、语言等。在信息处理过程中,提取记忆,使有经验的决策者在已知情况下知道该如何解决问题。

2.4.1　三级记忆体系

记忆是大脑系统活动的过程,一般可分为识记、保持和重现三个阶段。识记,就是通过感觉器官将外界信息留在脑子里;保持,是将识记下来的信息,短期或长期地留在脑子里,使其暂时不被遗忘或者许久不被遗忘;重现,包括两种情况,凡是识记过的事物,当其重新出现在自己面前时,有一种似曾相识的熟悉之感,甚至能明确地把它辨认出来,称为再认;凡是识记过的事物,不重新出现在自己面前,仍能将它表现出来,称为再现。因此,重现就是指在人们需要时,能把已识记过的材料从大脑里重新分辨并提取出来的过程。

通常,按照记忆存储信息和加工信息的过程(见图 2-22),将记忆体系分为感觉(瞬时)记忆、短期(短时)记忆和长期(长时)记忆三类。

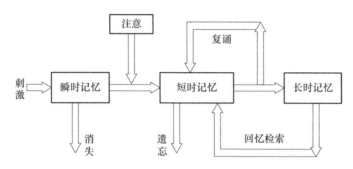

图 2-22　记忆存储信息和加工信息过程

1. 感觉记忆

感觉记忆,亦称"瞬时记忆""感觉储存"或"感觉登记"。直接通过感官获得一秒钟之内的信息。其形象鲜明,但储存时间极短,若不加注意和处理,很快就会消失。其生理机制可能是神经细胞群在受刺激后的继续活动,由一种短时的电化学反应引起,随时间的流逝而自动消退。

感觉记忆保持的时间非常短,不超过 1 s;听觉记忆为 3~4 s。感觉记忆是一种有限的资源,听觉记忆平均只有 5 个字母,视觉记忆在 5~9 个字母之间。

2. 短期记忆

短期记忆像思想中的便条,是有意识的、主动性的记忆,它处理如完成图像配合、心算、对形势的掌握等主要活动,帮助管制员建立并更新对空中交通管制形势的了解。短期记忆要求具有感知信息并将信息综合及预测形势的能力。但短期记忆是有限的,为减少短期记忆量,系统要多提供综合信息,起到帮助、提醒的作用。

短期记忆是有限资源,一般限于(7±2)个信息单元,单元的准确定义尚无定论,如一个电话占有 7 位数字(或项目),就占满记忆的宽度,假设前 3 个成一组,后 4 个成一组,就减少了记忆的负荷,有了剩余的记忆能力。

影响记忆的因素还有单元的复杂性及如何组合成单元。有关事实表明,有经验的管制员记得多。新手看一个包含 12 个数字的数据块很难弄清空中飞机的交通情况,而老手可看出 4 架顺序飞向不同目的地的飞机的 3 组数据,这表明把数据重组可提高短期记忆。如因有其他任务不能复述时,短期记忆减为 3 项,可见,复述可把一些项目放到长期记忆中,需要时即可恢复。在时间压力紧迫、应急时记忆也降为 3～4 项。总之,除了通常的限制单元外,时间压力、数据重组、复述、记下或画下行动顺序等都会影响短期记忆的广度。

很多空管事故和事故征候都是由遗忘引起的。

实例:2008 年 2 月 19 日,管制员遗忘飞行动态,造成国际航空公司 CCA1396 航班与香港航空公司 CRK164 航班在天津进近管制范围发生飞行冲突。

事件经过:国际航空公司 CCA1396(B737－700)执行广州至天津航班任务。鲲鹏航空公司 KPA8309(CRJ200)执行太原至天津航班任务。香港航空公司 CRK164(B737)航班执行天津至香港航班任务。10:03,北京区域管制中心管制员通知天津进近管制员 CCA1396 预计 P130 时间 10:11,高度 2 700 m,KPA8309 预计出港时间 10:11,高度 3 300 m。10:07,天津进近管制员指挥 CRK164 左转直飞大王庄,上升标准气压高度 3 000 m。10:08,北京区域管制中心管制员通知天津进近管制员 KPA8309 高度改为 2 700 m,CCA1396 高度改为 3 300 m。10:09,天津进近管制员指挥 KPA8309 下降修正海压高度 2 400 m。10:12,天津进近管制员指挥 CCA1396 飞向大王庄,下降修正海压高度 2 700 m。10:15,CRK164 通过大王庄,高度 2 960 m,此时,协调管制员提醒主班管制员 CCA1396 与 CRK164 存在飞行冲突,管制员立即指挥 CCA1396 右转航向 090 避让。雷达录像显示:两飞机水平间隔 2.1 km,垂直间隔 230 m。

上述事例说明,短期记忆是有限制的,这是人自身的限制,有时不按规定操作,如管制员提前将进程单交给下一席位或者允许飞机提前脱波等,会使管制员更容易忘记飞机。因此,管制员在工作中应总结一些规律,使自己尽量避免类似情形。另外,严格实行双岗制,切实发挥协调管制员的监控作用,加强班组内部管制员间的配合也有助于避免类似情形的发生。

3. 长期记忆

长期记忆是无限的,是知识的储存库,储存如人的历史、文化史、空中交通管制规则与程序等。长期记忆有的与时间、顺序无关,如飞机在何高度进入扇区;有些与时间、顺序有关,如对发生过麻烦的飞行事件,其各阶段的情况、采取的行动措施等。特别是关键事件,一次空中相撞可存储几年。

长期记忆可分为程序式、陈述式、语义式、情节式四种。某机以一定高度、速度进入扇区,并以另一速度离开是陈述式;如何完成这一变化是程序式;语义式如学习时未标出时间、地点的有意义的知识,华盛顿是美国的第一任总统;情节式是按时间顺序记忆,有时间、地点、人物等,如关键的空中交通管制形势示例——危险接近形势解决的顺序和步骤。

长期记忆的组织。知识是由概念性结构组织的,称为心理模式,管制员脑中的空中形势"图"即为一例,知识结构使人能有效进入知识的具体项目,如要求列出红色的水果,人会从记忆结构中列出苹果、草莓等。研究表明,管制员能把他们的空中交通管制知识组织到概念性的结构中去,因此,系统的使用界面应适应、支持人的概念化结构组织方法。

此外,"上下文"对图像感知也有影响。"上下文"指围绕项目的任何内容和感兴趣的内容,"上下文"可提高或降低信息处理的效率。另一个影响记忆的因素是期望。期望是长时间在长期记忆上形成的想法(图像),当给出的信息与期望一致时,则处理得又快又好,否则,又慢又容易出错。如人人都认定日出东方、日落西方,又如每天定时有某航空公司的航班、每年某月有航展等,管制员就可选择已用过的管理扇区计划。当然,出现期望外的情况,要重新作计划,并注意飞行员是否遵守指令。

　　实例:如果本场起飞航班都是以协议高度 FL084 移交给下一管制区,只要没有相对活动,管制员通常是指挥飞机直接上升到这一协议高度,久而久之,这种长期记忆就会使指挥口语形成一种习惯性口语定式,有时会脱口而出。如有冲突时,管制员可能知道这一冲突,并在某航班的进程单上注明了可上升到 FL072,而当时,管制员却可能习惯性地误发成可上升到 FL084。

2.4.2　记忆和遗忘的机理

　　遗忘丢失信息是坏的一面,好的一面是给新信息提供了储存空间。信息处理的深度越深,越不易遗忘。遗忘受时间和事件重要性的影响,管制员不会忘记在扇区经常出现并交流过的飞机,重要事件比一般事件更不易遗忘。

　　受干扰后易遗忘。如果事故后越早调查当事人,记得的细节就越多越细致。调配指挥过程中要避免受干扰的影响。例如,一架外航(由韩国至东南亚)的航班由于需要绕飞雷雨,必须改航路从我国上空飞往东南亚。通报席上的管制员在了解清楚情况之后,认为情况紧急,立即将计划输入电脑,然后准备打电话向总局申请。这时,他想要用的电话正好铃响,于是他接了电话后就处理了另一件事。这样一来,他忘了向总局申请这件事。当飞机由上海区域向南昌区域移交时,南昌区域发现没有这个航班的计划,于是不接收这架飞机,并造成这架飞机不得不返航。

2.4.3　记忆与遗忘的三大规律

1. 艾宾浩斯遗忘曲线

　　德国心理学家艾宾浩斯(H. Ebbinghaus)是第一位从心理学上对记忆进行系统实验的人,他对记忆研究的主要贡献包括两个方面。一是对记忆进行严格数量化的测定,二是对记忆的保持规律做了重要研究并绘制出了著名的"艾宾浩斯遗忘曲线",如图 2 - 23 所示。

　　艾宾浩斯遗忘曲线描述了人类大脑对新事物遗忘的规律,见表 2 - 3。遗忘曲线对人体大脑对新事物遗忘的规律做了直观描述,人们可以从遗忘曲线中掌握遗忘规律并加以利用,从而提升自我记忆能力。该曲线对人类记忆认知研究产生了重大影响。

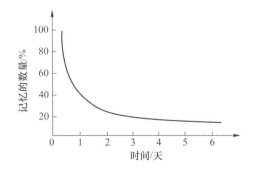

图 2 - 23　艾宾浩斯遗忘曲线

表 2 - 3　遗忘规律

时间间隔	记忆量
刚刚记忆完毕	100%
20 min 之后	58.2%
1 h 之后	44.2%
8～9 h 后	35.8%
1 天后	33.7%
2 天后	27.8%
6 天后	25.4%
1 个月后	21.1%

艾宾浩斯研究发现,遗忘在学习之后立即开始,而且遗忘的进程并不是均匀的。最初遗忘速度很快,以后逐渐缓慢。他认为"保持和遗忘是时间的函数",他用无意义音节(由若干音节字母组成、能够读出、但无内容意义,即不是词的音节)作记忆材料,用节省法计算保持和遗忘的数量,并根据他的实验结果绘成描述遗忘进程的曲线,即著名的"艾宾浩斯遗忘曲线"。

这条曲线告诉人们,在学习中的遗忘是有规律的,遗忘的进程很快,并且先快后慢。观察曲线就会发现,学得的知识在一天后,如不抓紧复习,就只剩下原来的 33.7%。随着时间的推移,遗忘的速度减慢,遗忘的数量也就减少。有人做过一个实验,两组学生学习一段课文,甲组在学习后不复习,一天后记忆率 36%,一周后只剩 13%。乙组按艾宾浩斯记忆规律复习,一天后保持记忆率 98%,一周后保持 86%,乙组的记忆率明显高于甲组。

2. 有规律有意义的材料容易记忆

所谓的有意义记忆,是指建立在对识记材料理解基础上的记忆,是在弄清了材料的意义及其内在联系基础上实现的记忆。

研究表明,在同样数量的材料或记忆内容面前,采取传统机械记忆的方式去记忆,其效果要远逊色于有意义记忆。这是因为,机械记忆的材料都是单个和孤立的,彼此没有内在联系,无法把它们连接成一些组块或作为一个整体去消化,同时,机械记忆由于无法借助以往的知识经验,新信息不能得到有效的同化,因此,少了一个熟悉的、可以扎根落地的"锚地",一切都需要全新的建构。而意义记忆,则在于把零碎的内容借助于先前的经验组织成为一个有关联的整体或者一些有意义的组块,减少了记忆的信息量,同时,以往经验的迁移可以把对象的许多成分变得熟悉或部分程度的熟悉,由此降低了记忆的难度。另外,在对材料进行理解的过程中,必然要对内容进行思考、加工和组织,要与对象进行更多和更深的接触和作用,而这也有助于产生深刻的印象。总之,在同样的情况下,意义记忆要明显优于机械记忆,这主要是借助于先前经验,使任务的难度和内容的复杂度得到相对地降低,拉近了主客体之间的距离,记忆的效能也就相应地获得提高。现实中,依据这一原理,尽可能地在理解的基础上加以记忆,避免在没有搞清内容意义的前提下就去死记硬背。对那些确实无意义的内容也要适当地加以组织和改造,使原本没有联系、没有意义的内容意义化或者人为地赋予某种联系和意义,也会如意义记忆那样产生良好的记忆效果。

例如,这样一组无规律词语:大树、窗户、百灵鸟、空调、小狗、骨头、狮子、垃圾桶、螃蟹、扫把、白云、星星、小孩、冰激凌、苍蝇、椅子、灯泡、喇叭、白兔、辣椒,如果普通记忆的话,难以记忆上述内容,如果采用串联联想法可以这样来进行联想。

大树上开了一扇窗户,窗户里飞出一只百灵鸟,百灵鸟撞到了空调,空调里蹦出小狗……用地点桩的话就需要先准备好 10 个地点,每个地点上放两个词语的图像。假设第一个地点是大门,可以这样想:大门口有一棵大树,大树上开了一扇窗户……

剩下的可以根据自己找的地点分别进行联想,这样就容易把上述材料记忆下来。

3. 处在材料中间部分的内容容易遗忘

根据研究表明,处在记忆材料中间部分容易被遗忘。记忆遗忘原因中有"干扰说"一说。"干扰说"认为,遗忘是因为学习和回忆之间受到其他刺激的干扰所致。一旦排除干扰,记忆就能恢复。"干扰说"可用前摄抑制和后摄抑制来说明。前摄抑制是先学习的材料对识记和回忆后学习材料的干扰作用。后期抑制是后学习的材料对识记和回忆前学习材料的干扰作用。人们常常对新学的知识回忆效果很好,而且对于之前学过的知识却比较难回忆起来,这种现象称为近因效应。而对于中间部分容易遗忘,开头结尾部分记忆效果好,这种现象一般来说是由前摄抑制和后摄抑制共同作用下导致的。

2.5 疲劳限制

疲劳是在工作条件下,由应激的发生和发展造成的心理、生理上的不平衡状态。

疲劳被视为一种休息不充分的情况,也被视为与生物节律偏移或紊乱相关征兆的集合。短期疲劳是由值勤期太长或在短时间内完成一连串特殊要求的任务引起的。长期疲劳是疲劳长期积累的结果。在正常进行休息时,精神压力也可能引起精神疲劳。与生物钟紊乱类似,疲劳可能导致安全隐患及效率与状态的降级。缺氧和噪声也是影响因素。

在我国,空中交通管制员由于疲劳上岗,精力不集中所导致的威胁飞行安全的事件近年来发生了好几起。

实例 1:1996 年 2 月 19 日,某区域管制室管制员睡着,造成大韩航空公司 924 航班在北京与大连的交接点附近盘旋等待 17 min。

实例 2:1998 年 5 月某区域管制员值夜班时打瞌睡,没听到移交电话铃声和飞机的呼叫,导致区域管制失控,2 架外航飞机盘旋等待十多分钟,严重威胁空中交通管制安全。

实例 3:1999 年 6 月 23 日,某区域管制室管制员睡着,造成某航班 17 min 无人指挥。

实例 4:2001 年 9 月 16 日,某区域管制室就发生了一起由于管制员过度疲劳并在管制席位上睡着,从而导致在 20 min 内六个中外航班均无法与该区域管制室建立通信联系。

事件的重复发生表明,疲劳是一项不可忽视的问题。疲劳会影响人们的思考能力、推理能力和决断能力。疲劳的技术人员往往不很自信,有时却自我感觉良好,觉得能把工作处理好,实际上,疲劳已经大大降低了工作能力,只是自己不知道。造成疲劳的原因不外睡眠不好,有些管制员对自己要求不严,在值班前一天不注意休息,到了值班时自然就会疲劳,从而影响正常的管制工作,睡觉现象自然会发生,这更应引起足够的重视。

2.5.1 疲劳的成因

疲劳与休息睡眠状态存在密切的关系。睡眠损失、人体节律混乱及工作负荷大,是造成疲劳的重要原因。

倒班往往是管制人员不能充分休息的原因之一,会导致管制员的疲劳。工作超时也是疲劳的一个诱因,每周工作超过 40 h。休息时间挪为他用,长期积累可能造成人员焦虑和不安等。

1. 疲劳的类型

(1)生理疲劳

生理性疲劳指由于过度的体力下降和环境因素所引起的体力衰竭和工作效能下降现象。短时间过重劳动引起的疲劳称为急性疲劳;长时期正常劳动积累的疲劳称为慢性疲劳;某部分肌肉因动作频率过高、负担过重产生的疲劳称为局部疲劳,操作姿势不正确引起的称为姿势疲劳。

（2）心理疲劳

心理疲劳是指因过度的脑力劳动和自身情绪等心理因素引起的心理能量耗竭和工作效能下降现象。

2. 生理疲劳与心理疲劳互相渗透及互相影响

可将疲劳分为五种类型。

① 个别器官疲劳,如计算机操作人员的肩肘痛、眼疲劳;打字、刻字、刻蜡纸工人的手指和腕疲劳等。

② 全身性疲劳,全身动作进行较繁重的劳动,表现为关节酸痛、困乏思睡、工作效能下降、错误增多、操作迟钝等。

③ 智力疲劳,长时间从事紧张脑力劳动引起的头昏眼花、全身乏力、肌肉松弛、嗜睡及失眠等,常与心理因素相联系。

④ 技术性疲劳,常见于体力脑力并用的劳动,如驾驶汽车、收发电报、半自动化生产线工作等,表现为头昏眼花、嗜睡、失眠及腰腿疼痛。

⑤ 心理性疲劳,多是由单调的作业内容引起的。例如,监视仪表的工人,表面上坐在那里悠闲自在,实际上并不轻松。信号率越低越容易疲劳,使警觉性下降。这时的疲劳并不是体力上的,而是大脑皮层的一个部位经常兴奋引起的抑制。

2.5.2　疲劳的某些规律

① 年龄因素。年轻人产生的疲劳较老年人少得多,而且易于恢复。这很容易从生理学上得到解释,因为年轻人的心血管和呼吸系统比老年人健康许多,供血、供氧能力强。某些强度大的作业是不适于老年人的。

② 可恢复性。年轻人比老年人恢复得快。体力上的疲劳比精神上的疲劳恢复得快。心理上造成的疲劳常与心理状态同步存在、同步消失,对厌烦工作的人采取必要的规劝、批评教育和处分的措施是必要的。

③ 积累效应。疲劳有一定的积累效应,未完全恢复的疲劳可在一定程度上继续存在到次日。人在重度劳累之后,第二天还感到周身无力,不愿动作,这就是积累效应的表现。

④ 可适应性。人对疲劳也有一定的适应能力,例如,连续工作几天,反而不觉得累了,这是体力上的适应性。

⑤ 周期性。在生理周期中(如生物节律低潮期)发生疲劳的自我感受较重,相反,在高潮期较轻。

⑥ 环境影响。环境因素直接影响疲劳的产生、加重和减轻。例如,噪声可引起甚至加重疲劳,而优美的音乐可以舒张血管、松弛紧张的情绪从而减轻疲劳。因此,在某些作业过程中、休息时间和下班后听听抒情音乐是很值得提倡的。

⑦ 疲劳与人们的生活规律、工作性质、睡眠状态、单调感有密切关系。

2.5.3　疲劳对空中交通管制安全的影响

疲劳驾驶危害严重,疲劳对飞行安全的危害常常是出乎意料的。疲劳使人变得粗心大意、容易伤感、精力不集中、动作懒散且不规范,同时疲劳也使人变得容易激动、感觉迟钝、闷闷不乐,以致损害班组间的合作和协调。

疲劳者毫无例外地表现出工作效能的严重下降或完全丧失工作能力。所有这些对飞行安全都构成极大的威胁,增大了人为错误发生的可能性。疲劳者在生理和心理两方面表现为:生理方面表现为体温、体力、视力、血液循环量以及肌肉中的糖原(能量储备)下降,血糖升高,瞳孔对光的反应时间和视觉上的调节时间延长,心率加快等;心理方面表现为精力无法集中、记忆力下降,交流表达能力、眼睛跟踪能力以及个人自理能力下降,肌肉控制与协调能力降低,合作与接受批评的态度消极,注意力集中的时间减短,反应时间延长,不愿活动,动作缓慢,易怒、焦虑、抑郁,错误与疏忽增加、对事物失去兴趣等。疲劳常常导致图省事的心理,反映在具体行为上,常常是动作慵懒,或简化程序,或违反操作规程。

事故分析表明,疲劳时出现的程序和技术错误明显高于休息良好时。疲劳可使作业者产生一系列精神症状、身体症状和意识症状,这些症状必然影响到作业人员的作业行为。

2.5.4　疲劳的防止措施

① 工作与休息交替。

工作与休息的交替应符合人的生理和心理要求。人员疲劳以后,效率就将下降,差错就会增多,这时如果仍不及时休息,就会引起工作质量下降,甚至出现安全事故。

② 保证足够的睡眠和适当的休息,选择适度的工作速度和作业负荷。

③ 合理科学的轮班工作制度。

疲劳与轮班制密切相关。轮班工作制的突出问题是疲劳,改变睡眠时间本身就足以引起疲劳。轮班制破坏了人的昼夜节律。时间节律的紊乱也明显地影响人的情绪和精神状态,因而,夜班的事故率也较高。有实验表明,有 27% 的人需要 1~3 天才能适应,12% 的人则需 4~6 天,23% 的人需要 6 天以上,38% 的人根本不能适应。推行合理科学的轮班制度对减少疲劳、提高效率和作业的安全性起到良好的促进作用。

④ 坚持标准化作业规程。实践证明,标准操作程序是最省时、最省力和最安全的方法,也有助于减少疲劳。

⑤ 良好的生活习惯,对身体状况起到良好的促进作用。改善作业环境,保持积极向上的精神风貌和幽默乐观的处世态度,调整心理状态,可以消除和减少心理疲劳。另外,休假和走进大自然的户外活动对消除人的疲劳和紧张也是十分有利的。

2.6　应激限制

人受到压力后,人体对施加于其上的各种消极因素(包括压力和紧张)产生情绪上和身体上的异常反应称为应激。它包括人和环境的相互作用,是机体的一种内部状态,是焦虑、强烈的情绪和生理上的唤醒及挫折等各种情感和反应。

2.6.1　应激的影响因素

应激的表现因人而异。个人是否能体验到工作压力取决于感知、经验、工作效能、人际关系和对压力的不同反应这五个因素。

1. 感知

如前所述，感知指的是通过感官来获取信息，通过对内外信息的觉察、感觉、注意、知觉的。人们对情况的感知不同，所体验到的工作压力也不同。比如，两个基层管理人员工作责任的改变是一种压力。第一个管理人员把新工作责任看作为学习新技术的机会，是高层次管理当局对他的信任。可是，第二个管理人员却把这同样的情况看作是因为高层次管理当局对他原先的工作绩效不满意，因而给予他惩处。

2. 经验

各个人经历过的压力是不同的，遇到过的紧张源也不一样。有实践经验的职工能够沉着有力地对付那种威胁着缺乏经验职工的紧张源。经验与压力有一定的关系，经历过多次压力并成功地完成了任务，就可以降低人们所体验到的压力程度；反之，过去的失败也可能增加当前的压力感。

3. 工作效能

工作任务的最优效能存在于最合适的压力水平之中，太大或太小的压力均可能导致低效能。

4. 人际关系

其他人在场或不在场会影响个人在工作中所体验到的压力，以及他们对紧张源所作出的反应行为。同事们在场可能增加个人的信心，使他们更有效地处理压力；同事们在场也可能使人感到不舒服，降低他们处理压力的能力。总之，两者必居其一。

5. 对压力的不同反应

个性特征能够说明人们对压力的体验和反应不同的原因。个人在需要、价值观和能力上的差异，也影响人们所体验到的压力。即使面对相同的压力，不同的人，其应激呈现的特征也不同。例如，穿越雷雨区域对一名飞行员是挑战，而另一名飞行员却感到压力重重。在相同压力（雷雨）下，不同人产生不同反应。

实例：工作中遇到特殊情况或复杂情况时，压力对工作能力的影响很大。2000 年 4 月 24 日 16 时，一架由中国台湾飞往香港的港龙客机与另一架由新加坡飞往厦门的胜安客机，进入某管制区后，同时接到管制员的指令，可以由 10 058.4(33 000 ft)m 万 ft[①] 上空降至 7 620 m(25 000 ft)。若两机保持原来方向，则会在 16:56 在香港东部 194.5 km(105 nmile)[②]，以 90°角相撞，就在预计相撞时间前 3 min，客机上的雷达突然发出警报，相关空中交通管制中心也接到该警报，可惜的是，由于压力太大，使在场的管制员及主管没能发出任何挽救的指令，也没有

---

① 1ft=0.304 8 m。

② 1n mile=1 852 m。

采取挽救的措施。眼看两架飞机愈飞愈近,最后是一名飞行员从座舱看到对方飞机迫近,立即采取紧急措施,才避免了一场空难。

2.6.2 应激源

应激源是引起应激的原因的统称,往往可划分为环境因素、职业因素和社会因素。环境因素是指使管制员产生应激的各种环境要素,诸如温度、湿度、噪声、照明等;职业因素往往与任务有关,包括工作负荷、刺激量、技能、经验、知识、责任心等;社会因素包括人际关系、经济利益、事业前途、生活琐事等。从人承受的压力又可分三类,即:外界压力,如与环境有关的状况,包括湿度、温度、噪声、振动和缺氧等;生理压力,如飞行员的身体状况,包括疲劳、生病、缺乏睡眠、营养与饮食不足等;心理压力,如社会或情感因素,包括职务升降、家庭问题等。

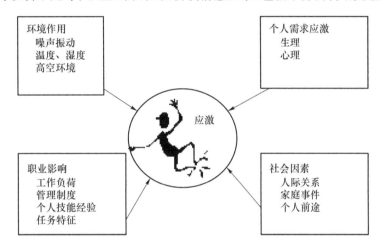

2.6.3 应激的影响

应激有积极的和消极的两种后果,其后果又对生理、情绪、行为等产生影响。

应激的生理影响包括血压升高、出汗、一阵冷一阵热、呼吸困难、肌肉紧张和肠胃功能紊乱等。

应激的情绪影响包括发怒、忧虑、意志消沉、神经过敏、激动、对管理愤慨、对工作不满等。

应激的行为影响包括工作绩效降低、缺勤率高、工作事故率高、有冲动性行为、难于沟通等。

以上各种原因造成管制员的情绪过度紧张,可使其大脑产生负诱导,而对有些信号不感知、不反应,例如对无线电通话和别人的提醒均无反应,注意范围缩小,以往一眼能扫视多个雷达信号,此时则只能死盯一个雷达信号,因而无法得到正确的判断。

2.6.4 应激管理

个人或组织对应激进行管理,通常有一个或更多的目标。比如,排除或控制压力的来源,抵消压力的影响,使个人能更好地抗拒压力及更好地对待压力等。

个人常用的对待压力的方法有治疗、运动、事前计划、合理饮食、充足睡眠,以及参加娱乐活动。

组织管理者们发现,识别工作压力并指出影响他们自己和下属的工作效益,是一种很有用的技术。由于压力太大,致使行为方式改变有以下 9 种情况。

① 工作比通常晚得多、少得多。

② 拖拉严重。

③ 缺勤增加。

④ 很难作出决策。

⑤ 粗心出错的次数增加。

⑥ 逃避不可逾越的界限。

⑦ 遗忘职位的要求。

⑧ 难于与别人相处。

⑨ 盯在个人的错误和失败上。

每个人均可能出错,明智的管理者不是盯在孤立的事件上,而是积极寻找由于压力太大而造成的职工行为方式,帮助职工正确对待压力。如确定目标管理,改善工作的物质环境,重新设计组织结构,重新设计工作职务,提高工作职务的明确性和进行工作职务分析。这对改变压力的来源及减轻压力是很有用处的。

2.7　人体生物节律

2.7.1　生物节律

生物节律又称昼夜节律(circadian rhythm),是一个自然的内部过程,调节睡眠—觉醒周期,大约每 24 h 重复一次。它可以指起源于生物体内部(即内源性)并对环境做出反应的任何过程。这些 24 h 节律是由生物钟驱动的,可在动物、植物、真菌和蓝藻中被广泛观察到。

"昼夜节律"这个词是弗朗茨·哈尔伯格在 1959 年创造的。根据哈尔伯格的原始定义,"昼夜节律"一词源自 circa(约)和 dies(天),可能暗示某些生理期接近 24 h。因此,"昼夜节律"可能都适用于所有"24 h"节律,无论其周期是单次还是平均,与 24 h 相比是更长还是更短、相差几分钟还是几小时。

1977 年,国际时间生物学学会国际命名委员会正式采用了定义:昼夜节律[①]与生物变化或节律有关,其频率为(24 ± 4)h。

生物节律必须符合以下三个一般标准。

① 该节律有一个内源性的自由运行期,持续约 24 h。节律在恒定的条件下(即恒定的黑暗)持续存在,周期约为 24 h。在恒定条件下的节律周期被称为自由运行期,用希腊字母 τ 来表示。这一标准的基本原理是将昼夜节律与对日常外部线索的简单反应区分开来。一种节律不能只说是内源性的,除非它在没有外部周期性输入的条件下被测试并持续存在。在昼行动物(在白天活动)中,一般 τ 略大于 24 h,而在夜行动物(在夜间活动)中,一般 τ 短于 24 h。

---

① 昼夜节律:周期长度约为 24 h 的节律,无论它们是与(可接受的)频率同步,还是与当地环境时间尺度不同步或自由运行,其周期都与 24 h 略有不同,但始终如一。

② 这些节律是可以被诱导的。节律可以通过暴露于外部刺激(如光和热)而被重置,这个过程称为诱导。用于诱导节律的外部刺激被称为授时因子(zeitgeber)。跨时区旅行说明了人类生物钟适应当地时间的能力,一个人通常会在调整其昼夜节律使其与当地时间同步之前经历时差。

③ 生物节律表现出温度补偿。换句话说,生物在一定的生理温度范围内保持昼夜节律的周期性。许多生物体生活的温度范围广泛,热能的差异将影响其细胞中所有分子过程的动力学。为了跟踪时间,尽管动力学发生了变化,但生物体的昼夜钟必须保持大致 24 h 的周期性,这一特性被称为温度补偿。

2.7.2　人体的生物节律

哺乳动物的主要昼夜节律时钟位于下丘脑的视交叉上核(SCN),这是一对位于下丘脑的不同细胞组。SCN 通过眼睛接收有关光照的信息。视网膜包含"经典"的光感受器(视杆细胞和视锥细胞),用于常规视觉,还包含专门的神经节细胞,直接对光敏感,将光直接投射到 SCN,并帮助主要昼夜节律时钟同步。感光过程见图 2 - 24。

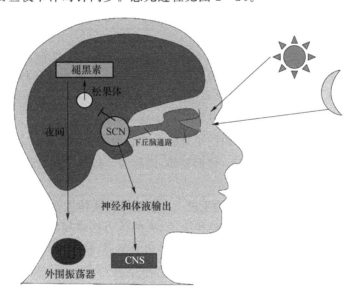

图 2 - 24　感光过程

这些细胞含有光色素和黑色素,它们的信号沿着一条称为视丘脑束的路径通向 SCN。将 SCN 的细胞移出并培养,它们会在没有外部线索的情况下保持自己的节律。

SCN 从视网膜获取关于昼夜长短的信息,对其进行解释并将其传递给松果体。松果体是一个位于上丘脑形状像松果的微小结构。作为回应 SCN 的信号,松果体会分泌褪黑素。褪黑素的分泌在夜间达到高峰,在白天减弱,它的存在提供了关于夜间长度的信息。一些研究表明,松果体褪黑素给 SCN 的反馈具有节律性,以调节活动的昼夜模式和其他过程。

人体生物节律的基本理论认为,人体生理状况从体温、血压到各器官的新陈代谢及精神状态,都有其循环规律。生物节律周期如图 2 - 25 所示。

正半周期是高潮期,这时人的心情舒畅,精力充沛,工作效率高;负半周期为低潮期,这时

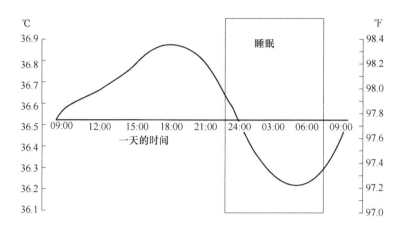

图 2 - 25　生物节律周期

人的心情不佳,容易疲劳、健忘,工作效率低。正弦曲线与横轴交点称为"临界点"。3 个临界点互不重叠称为单临界点,2 个临界点重叠称为双临界点,3 个临界点重叠称为三临界点,临界点前后各 1 天称为临界期,临界期也包括 3 个周期在负半周的重叠日期。在临界点或临界期,体力、情绪和智力极不稳定,最易发生事故。

生物节律(生物钟)广泛存在于大自然的各种生命活动中,是生物上亿年的进化过程中,为了与环境变化相适应而逐渐形成的内源性的、与自然环境周期性变化相似的节律性的生命活动。从蓝藻到人类,几乎所有生物体的生理、代谢活动和行为过程都表现出以 24 h 为周期的昼夜节律性。人们最熟悉的昼夜节律是每天的睡眠—觉醒节律。

人体昼夜生物节律的定义是人体内的生理和心理各种功能活动按一定的时间顺序发生变化,如果这种变化以一定时间重复出现,周而复始,则称为节律性变化,而这类变化的节律就称为生物节律。

"人体生物节律"一词,代表人体内的生理—生物循环。人体生物节律是指人的体力、情绪和智力的循环周期。科学家对人体研究结果表明,人的体力循环周期为 23 天,情绪循环周期为 28 天,智力循环周期为 33 天。这三个近似月周期的循环,统称为生物节律,在每一周期内有高潮期、低潮期和临界期。

人体生物节律理论认为,这些循环从人出生的那一刻开始,就分别按各自的周期循环变化,首先进入高潮期,然后经过临界期变换为低潮期,按正弦曲线的规律持续不断地变化,一直到生命结束为止。当这些循环处于高潮期,人们的行为处于最佳状态,体力旺盛,情绪高昂,智力开阔;当循环处于低潮期,体力衰减,耐力下降,情绪低落,心神不宁,反应迟钝,智力抑制,工作效率低。特别是临界期,体内生理变化剧烈,各器官协调机能下降,容易发生错误行为。

2.7.3　生物节律对脉搏跳动、智力、脑力、运动的影响

人体一天中的各种生理波动如图 2 - 26 所示。

01:00:处于深夜,大多数人已经睡了 3～5 h,经历入睡期—浅睡期—熟睡期—深睡期,进入快速眼动睡眠,此时易醒/有梦,对痛特别敏感,有些疾病此时易加剧。

02:00:肝脏仍继续工作,利用这段人体安静的时间,加紧产生人体所需要的各种物质,并

把一些有害物质清除体外。此时,人体大部分器官工作节律均放慢或停止工作,处于休整状态。

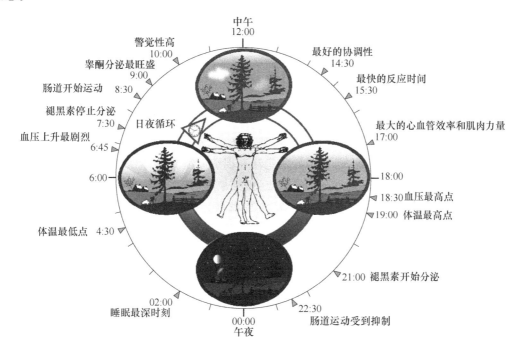

图 2 - 26　人体生物节律

03：00:全身休息,肌肉完全放松,此时血压低,脉搏和呼吸次数少。

04：00:血压更低,脑部的供血量最少,肌肉处于最微弱的循环状态,呼吸仍然很弱,此时,人容易死亡。全身器官节律仍放慢,但听力很敏锐,易被微小的动静惊醒。

05：00:肾脏分泌少,人体已经历了3~4个"睡眠周期"(入睡期—浅睡期—熟睡期—深睡期—快速眼动睡眠),此时觉醒起床,很快就能进入精神饱满状态。

06：00:血压升高,心跳加快,体温上升,肾上腺皮质激素分泌开始增加,机体已经苏醒,想睡也睡不安稳了,进入第一次最佳记忆时期。

07：00:肾上腺皮质激素的分泌进入高潮,体温上升,血液加速流动,免疫功能加强。

08：00:机体休息完毕而进入兴奋状态,肝脏已将身体内的毒素全部排尽。大脑记忆力强,为第二次最佳记忆时期。

09：00:神经兴奋性提高,记忆仍保持最佳状态,疾病感染率降低,对痛觉最不敏感。此时,心脏开足马力,精力旺盛。

10：00:积极性上升,热情将持续到午饭,人体处于第一次最佳状态,苦痛易消。此时为内向性格者创造力最旺盛时刻,任何工作都能胜任,此时虚度实在可惜。

11：00:心脏照样有节奏地继续工作,并与心理保持一致,处于积极状态;人体不易感到疲劳,几乎感觉不到大的工作压力。

12：00:人体的全部精力都已调动起来,需进餐。此时对酒精仍敏感,若中午喝酒,下半天的工作会受到重大影响。

13：00:午饭后,精神困倦,白天第一阶段的兴奋期已过,此时感到有些疲劳,宜适当休息,最好午睡 0.5～1 h。

14：00:精力消退,进入 24 h 周期中的第二个低潮阶段,反应迟缓。

15：00:身体重新改善,感觉器官尤其敏感,人体重新走入正轨,工作能力逐渐恢复,是外向型性格者分析和创造最旺盛的时刻,可持续数小时。

16：00:血液中糖分增加,但很快又会下降,医生把这一过程称为"饭后糖尿病"。

17：00:工作效率更高,嗅觉、味觉处于最敏感时期,听觉处于一天中的第二高潮。此时锻炼效果比早晨好。

18：00:体力活动的体力和耐力达一天中最高峰,想多运动的愿望上升。此时痛感重新下降,运动员此时应更加努力训练,可取得好的运动和训练成绩。

19：00:血压上升,心理稳定性降到最低点,精神最不稳定,容易激动,小事可引起口角。

20：00:当天的食物、水分都已充分储备,体重最重。反应异常迅速、敏捷,身体处于最佳状态,不易出事故。

21：00:记忆力特别好,直到临睡前为一天中最佳的记忆时间(也是最高效)。

22：00:体温开始下降,睡意降临,免疫功能增强,血液内的白细胞增多。呼吸减慢,脉搏和心跳降低,激素分泌水平下降。体内大部分功能趋于低潮。

23：00:人体准备休息,细胞修复工作开始。

24：00:身体开始其最繁重的工作,要换已死亡的细胞,建立新的细胞,为第二天做好准备。

2.7.4 另外两种周期节律

1. 次昼夜节律(ultradian rhythm)

在时间生物学中,次昼夜节律是在一天 24 h 内重复出现的周期或循环。牛津英语词典对 ultradian 的定义明确指出是长于 1 h 但是短于一天的周期。

次昼夜节律包括血液循环、眨眼、脉搏、激素分泌(如生长激素)、心率、体温调节、排尿、肠道活动、鼻孔扩张、食欲和唤醒。食欲的超节律需要神经肽 Y(NPY)和促肾上腺皮质激素释放激素(CRH)的反相释放,以刺激和抑制食欲的超节律。

2. 超昼夜节律(infradian rhythm)

在时间生物学中,超昼夜节律是指周期长于昼夜节律的节律,即周期大于 24 h。哺乳动物超昼夜节律的一些例子包括月经、繁殖、迁移、冬眠、蜕皮、毛发生长、潮汐及季节性节律。一些超昼夜节律是由激素刺激或外源性因素引起的。例如,季节性抑郁症是每年发生一次超昼夜节律的一个例子,可由冬季光照水平系统地降低引起。

2.8 轮班制度

2.8.1 轮班制度的安排

疲劳风险日益成为航空安全关注的重点风险之一。疲劳是不能避免但可以控制的,合理的轮班制度可以降低疲劳风险,最大限度地保证航空运营安全。目前,各国正在研究科学合理的轮班制度,也推出了一系列相应的规章制度与管理办法。轮班也经常被称为排班。

1. 国内外相关法规标准

在《中国民用航空空中交通管理规则》中涉及管制员执勤管理的规章条款有以下几条。

第一百二十三条 管制员的执勤时间是指管制员为了完成管制单位安排的管制工作,从到达指定地点报到时刻开始,到完成工作时刻为止的连续时间段。执勤时间应包括:

(一)岗前准备时间;

(二)岗位执勤时间;

(三)岗后分析、讲评时间;

(四)管制培训时间;

(五)其他工作时间。

第一百二十四条 管制岗位执勤时间是指管制员为了完成管制单位安排的管制工作,从到达相应管制岗位开始,到完成岗位工作离开时刻为止的连续时间段。

第一百二十五条 管制员的休息时间是指从管制员到达休息地点起,到为履行下一次管制工作离开休息地点为止的连续时间段,在该段时间内,管制单位不应为管制员安排任何工作。

第一百二十六条 管制员执勤期间出现因疲劳无法继续从事其工作的状况时,应当及时向所在管制单位报告。管制单位不得继续安排疲劳管制员执勤。

第一百二十七条 除出现了人力不可抗拒因素或者应急情况之外,管制员的执勤时间应当符合下列要求:

(一)管制单位不得安排管制员连续执勤超过 10 小时;

(二)如果管制员在连续 24 小时内被安排执勤超过 10 小时,管制单位应当在管制员执勤时间到达或者累计到达 10 小时之前为其提供至少连续 8 小时的休息时间;

(三)管制员在 1 个日历周内的执勤时间不得超过 40 小时;

(四)管制席的管制员连续岗位执勤时间不得超过 6 小时;从事雷达管制的管制员,连续岗位执勤时间不得超过 2 小时,两次岗位执勤时间之间的间隔不得少于 30 分钟;

(五)管制单位应当在任意连续 7 个日历日内为管制员安排 1 个至少连续 24 小时的休息期,或者在任一日历月中安排相当时间的休息期;

(六)管制单位应当在每个日历年内为管制员安排至少一次连续 5 日以上的休息时间。

由于人力不可抗拒因素或者应急情况,导致管制员的执勤时间或者岗位执勤时间超出了上述规定时,管制单位应在条件允许时,及时安排管制员休息,超出规定的执勤时间或者岗位执勤时间应计入下一执勤时间。

第一百二十八条 管制员在下列情况不得参加管制岗位执勤:

(一)管制员身体出现不符合民航局规定的航空人员体检合格标准的情况时;

(二)管制员在饮用任何含酒精饮料之后的 8 小时之内或处在酒精作用之下、血液中酒精含量等于或者大于 0.04%,或者受到任何作用于精神的物品影响损及工作能力时;

(三)管制员被暂停行使执照权利期间;

（四）管制单位或者管制员本人认为不适合参加管制岗位执勤的情形。

FAA 于 2011 年发布新的规章第 117 部，规定了具体的飞行员飞行时间及执勤时间，以此应对与飞行员疲劳相关的问题。新规规定，飞行员当值时间为 9～14 h。当值时间从飞行员报到开始，至最后一个航班结束为止。这包含了飞行前的等待时间，以及两次飞行之间未休息时的间隔时间。若进行空机飞行、实机或模拟机训练及机场待命等任务，且未经休息，均属当值状态。新规要求当值之前最少要进行 10 h 的休息，比旧规增加了 2 h。FAA 还进一步规定，这 10 h 内必须包括 8 h 的连续睡眠。通过限制每周飞行时间及 28 天内分配给飞行员的当值时间来杜绝可能会导致的飞行员累积疲劳。此外，新规还规定了 28 天飞行时间限制及年度总计飞行时间限制。飞行员每周将会得到至少 30 h 的连续休息时间，较此前提高了 25%。

在管制员的执勤管理方面，2011 年，美国在几周内发生了 6 起由管制员疲劳引发的不安全事件，FAA 出台新的工作规章，要求管理层延长早间和深夜的工作时间，并给予管制员额外的 1 h 换班休息时间，从而让管制员在换班期间至少有 9 h 的休息时间。

2. 现行的管制员轮班制度

现行的轮班制度，按照顺序可以分为顺时针轮班与逆时针轮班。在顺时针轮班中，工作周以早班开始，然后循环至下午班，最后夜班。逆时针轮班开始是下午班，然后早班，最后是夜班。

美国管制员普遍的工作方式是 2-2-1 轮班模式的逆时针轮班。在 2-2-1 轮班模式的顺时针轮班中，管制员先上 2 个早班，再上 2 个下午班，最后一天上 1 个夜班。以 5 天作为一个循环周期。与之相对的，在 2-2-1 轮班模式的逆时针轮班中，管制员先上 2 个下午班，随后上 2 个早班，最后上 1 个夜班。

顺时针轮班是如下的时间周期。

6：00—14：00（休息 16 h）。

6：00—14：00（休息 24 h）。

14：00—22：00（休息 16 h）。

14：00—22：00（休息 24 h）。

22：00—6：00（休息 48 h）。

逆时针轮班是如下的时间周期。

14：00—22：00（休息 16 h）。

14：00—22：00（休息 8 h）。

6：00—14：00（休息 16 h）。

6：00—14：00（休息 8 h）。

22：00—6：00（休息 80 h）。

从 2-2-1 轮班模式下的工作与休息时间可以看出，顺时针轮班一个循环中的总休息时间为 80 h，一个循环结束后有 48 h 的连续休息时间；逆时针轮班一个循环的总休息时间为 48 h，一个循环结束后有 80 h 的连续休息时间。

除了 2-2-1 的轮班模式，其他轮班模式还有 2-1-2 模式、2-3 模式、E-M 模式，它们的工作方式如下所示。

2-2-1 轮班模式:2 个早班(下午班),2 个下午班(早班),1 个夜班。

2-1-2 轮班模式:2 个下午班,1 个中班,2 个早班。

2-3 轮班模式:2 个下午班,3 个早班。

EM 轮班模式:5 个早班。

对于顺时针与逆时针轮班何者更优的问题,许多专家学者与专门机构进行了实验研究。人体工程学研究表明,平均而言,虽然顺时针轮班制度比逆时针轮班制度对工作人员健康的伤害更小,两次值班之间的休息时间更长,但是员工们并不总是喜欢顺时针轮班制度,因为这样,他们的连续自由时间会比较短。经验表明,员工更喜欢有更长连续休息时间的轮班制度,尤其是年轻的员工。然而,更长的连续休息时间必须以集中的工作时间为代价。为了获得长的自由时间,许多班次需要不间断地工作。通过评估发现,年长的员工更倾向于均衡的工作时间。

逆时针轮班这种集中的工作制度有其弊端:累积的工作压力得不到充分的休息时间来缓解。如果没有足够的时间使员工从压力中恢复过来,就会使人员产生疲劳、疲惫、警惕性降低,甚至造成安全事故。

研究通过实验采集睡眠、疲劳和生理生化数据,对比顺时针轮班与逆时针轮班下管制员的表现差异。越来越多的研究表明,轮班的方向不会显著影响睡眠和主观疲劳值。FAA 的一项研究也发现,美国管制人员目前使用的逆时针轮班制度的弊端不太可能通过改变方向而得到改善。此外,很明显,顺时针和逆时针轮班制中的两个主要问题区域是清晨班次和午夜班次——这两个区域在未来应该得到更多的研究。

在我国,管制员的排班模式有上一休二、上二休二、上一休一、上三休二等多种模式。大体可分为两类:一类是大型管制单位,由于上班地点离市区较远,为减少管制员的通勤时间,将管制员分为三个小组,各小组轮流上一休二;一类是中小型管制单位,人手较为充足,将管制员分为 4 个小组,轮流上二休二。

3. 班间休息问题

为应对值班期间的疲劳,班间休息也是必要的。

美国联邦航空局的民用航空医学研究所(Civil Aerospace Medical Institute, CAMI)进行了一项关于午夜值班小睡对表现和警觉性的有效性的研究(分三种情况:2 h 午睡、45 min 午睡、在午夜值班时不睡)。认知表现和主观睡意测量都支持在午夜值班时小睡。长时间的小睡比短时间的小睡能带来更好的表现。在整个午夜轮班期间,所有组的困倦程度都有所增加,但长时间小睡的人的困倦程度较低。在夜班期间打盹可以作为有效的对策,以减少工作效率低下及嗜睡的现象。

然而,许多管制员希望值班尽快结束,他们愿意在值班过程中休息更短的时间以换取更多的连续自由时间,尤其是那些通勤时间较长的管制员。因此,制定排班制度时也应充分考虑管制员的意愿。

2.8.2　轮班对生物节律的影响及危害

轮班是由于某些特殊工作需要,有一些单位需要 24 h 或者更多时间不停歇的生产作业,因此需要有几个班次进行交替工作。这种做法通常是将一天分为不同的时间段,在特定的时间段内,不同的员工履行各自的职责。

轮班工作意味着大量的夜间工作,这会扰乱人体生物节律,造成生物钟紊乱,从而带来睡眠不足、注意力不集中、记忆力下降等问题,严重的还会对人体健康造成损害。有可靠的科学研究表明,在夜间工作会导致身体功能的"失同步"。人类是白天活动的生物,其设定是白天活动,在夜间恢复。执行轮班制,特别是包含夜班的轮班制的人员需要对抗他们的生物钟。他们不得不在夜间工作,白天休息。对抗生物钟是一种压力因素,如果人体不能适应轮班工作,压力的负面影响就会以不同的方式显现出来。健康、睡眠和工作绩效变差都与轮班工作有明显的联系。研究证明,长期的夜班工作对人的睡眠、心理健康、心血管系统、胃肠道系统都有不同程度的损害,除此之外,还会对人的家庭及社会生活造成不利的影响。

有许多研究表明,夜班工作与健康风险有关。研究人员发现,长期在夜间工作的人,如护士,腕部和髋部骨折的风险很高(RR[①]=1.37)。在上夜班的人群中,肥胖、糖尿病、胰岛素抵抗和血脂异常的发生率更高。除此之外,轮班工作睡眠障碍(Shift Work Sleep disorder,SWSD)会增加精神障碍的风险,具体来说,抑郁、焦虑和酗酒常发生于倒班工人群体。因为昼夜节律系统调节着体内化学物质反应的速度,所以当它受损时,可能会产生不良的后果。

夜班工人的睡眠时间比白班工人少,且睡眠质量比白班工人差。有研究表明,日间睡眠的快速眼动睡眠较少,而实验证明,持续缺乏快速眼动睡眠会导致严重的心理损伤(抑郁症)。与此同时,白天的环境噪声更多,白天的睡眠中断也更频繁。而在白天难以获得像夜间那样高质量睡眠的原因并不只是白天的噪声及光线影响,很大一部分原因是人体生物节律的设定,人类在白天处在生物节律的高潮期,更倾向于进行社会活动而非休息。倒班工人通常会牺牲白天补觉的时间来处理个人事务,如陪伴孩子或朋友。而在昼夜节律的低潮时期(大约凌晨1点到4点和下午1点到4点)工作可能会导致困倦和警觉性低下。这种长期的不健康睡眠模式会造成许多问题,如SWSD。

轮班工作睡眠障碍又称轮班工作障碍;SWSD是一种昼夜节律性睡眠障碍,以失眠和过度嗜睡为症状,影响那些工作时间与正常睡眠时间重叠的人。失眠的症状是入睡困难或过早醒来。据统计,世界上大约20%的劳动人口进行轮班工作。SWSD通常不易被诊断出来,据估计,10%~40%的轮班工人患有SWSD。当一个人必须保持高效、清醒和警觉时,就会出现过度的困倦,这两种症状在SWSD中占主导地位。大多数与正常作息时间不同的人可能会有这些症状,但不同的是,SWSD的影响是持续的、长期的,并会干扰个人的生活。

一项针对芬兰轮班工人的实验组(有夜班)和对照组(无夜班)进行的调查显示,在早班之前,总睡眠时间减少,睡眠不足增加。此外,与非SWSD组相比,SWSD组还表现出客观睡眠效率下降,周末睡眠补偿下降,睡眠潜伏期增加,导致睡眠质量较差。此外,在夜班结束时以及在早班开始和结束时,具有SWSD的轮班工人在卡洛琳斯卡嗜睡量表(KSS)上得分明显更高。根据国外的一项研究,那些在过去两周内睡眠不好的人发生致命工作事故的风险更高(RR=1.89,95% CI[②]1.22~2.94)。睡眠的不足会进一步影响大脑的创造性、思维能力和反应的灵敏度。长期睡眠不足,会导致疲劳、注意力不集中、记忆力减退,甚至会造成抑郁、焦虑

---

① RR:relative risk,相对风险率。

② CI:Confidence interval,置信区间。

等心理疾病。疲劳会使人的警觉性下降、反应迟钝、工作效率低下，甚至造成不安全事件的发生。

SWSD 可能出现在任何年龄，但 50 岁及以上年龄组的患病率最高，在作息不规律的情况下更是如此。性别也是一个因素，女性夜班工人在工作时似乎更困。有些人会比其他人更容易受到轮班工作和失眠的影响，有些人则会在某些工作任务上受到影响，而一些人总是在相同的任务上表现良好。有些人有早起的偏好，而有些人没有。另外，SWSD 的发病率也与遗传因素有关。

在以安全为生命线的民航运输业中，与航行安全直接相关的飞行员、空中交通管制员、签派员和机务维修人员等都需要进行昼夜倒班工作，而他们在工作中必须时刻保持警醒的状态，因为一个很小的疏忽可能会造成严重的后果。因此，他们在工作时具有良好的身体状态和心理状态都是至关重要的。

相比于许多其他需要倒班工作的行业，管制工作的特殊性在于：安全至关重要，管制员必须保持高水平的工作表现；管制工作的复杂性和动态性更高；管制员需要保持高度的警觉性，以在各种交通情况下做出快速的反应与决策；管制工作单调乏味，易使人产生疲劳，尤其在夜班期间交通流量较低时，管制员易产生无聊感而使警觉度下降；管制员的工作交接是很重要的，因为交通情况必须得到迅速处理。

由于飞行员的工作性质，他们经常在一天内跨越多个时区，经过阳光和黑暗区域，并且白天和黑夜都要花费很多时间来适应，他们往往无法维持与人类自然昼夜节律相对应的睡眠模式——这种情况很容易导致疲劳。

夜班不仅影响睡眠和健康，还会影响社会关系。早班、下午班和夜班工作致使员工与社会活动分离，且牺牲了晚上与周末陪伴家人朋友的时间。这会对倒班工作人员造成不良的社会效应，如家庭关系紧张、脱离社会生活等。在轮班工作中，除了夜班，早班开始的时间过早也对人的睡眠有损害，特别是许多员工距离工作地点有很长的车程，为了 05:30 开始工作，他们可能需要在 03:30 起床。而经验表明，上早班的员工在头一天晚上通常不会过早就寝，这将导致严重的睡眠不足——尤其是在长期的轮班制度中。

欧洲空中航行安全组织（Eurocontrol）在 2006 年发布的一项研究表明，需要一种科学有效的方法来进行良好的轮班管理。在制定轮班制度时需要注意轮班对个人健康、表现和安全的影响，连续值班的数量、一次值班的时长及特定时间值班的影响（早班、下午班、夜班）都应考虑在内。

2.8.3　轮班制度对疲劳的影响

疲劳是在工作条件下，由应激的发生和发展所造成的心理、生理上的不平衡状态。疲劳被视为一种休息不充分的情况，以及与生物节律偏移或紊乱相关征兆的集合。短期疲劳是由执勤期长或在短时间内完成一连串特殊要求的任务引起的。长期疲劳是疲劳长期积累的结果。甚至在正常休息时，精神压力也可能引起精神疲劳。与生物钟紊乱相似，疲劳可能导致安全隐患及效率和状态的降级。

疲劳与轮班制密切相关。由轮班工作造成的生物节律紊乱、睡眠不足等问题是产生疲劳的根源。时间节律的紊乱也明显影响人的情绪和精神状态，因而夜班的事故率也较高。有实验表明,有 27％的人需要 1～3 天才能适应,12％的人需要 4～6 天,23％的人需要 6 天以上,38％的人根本不能适应。

2.9 解决问题和决策限制

为了解决问题,要求管制员准备几个方案来解决潜在的冲突;决策则要求管制员证实并选择一个决策方案,而把其他方案作为备份。对不熟悉的情况,做决策靠"知识",熟悉的情况靠"规则",经验丰富的决策者则靠"技能"。解决问题和决策都受短期记忆限制和事件的约束。

2.9.1 解决问题和决策的特征

1. 解决问题的特征

① 要估计形势,虽然可能是不完全或不准确的。

② 受以下约束:努力程度、要求时间与可用时间,注意力和短期记忆的限制。

③ 受以下引导:问题的表现和说明、上下文、期望。

④ 要求多方面的经验。

2. 决策的特征

① 决策时不确定性增大时要求的决策时间变长。

② 受到知识在记忆中储存形式的影响。

③ 不熟悉情况的决策步骤:鉴别所有可能的行动过程;评估所有可能行动过程的后果;判断每一个可能发生的后果。

④ 熟悉的情况的决策,依靠管制员对形势的认知、过去的经验教训。

2.9.2 解决问题和决策的一般限制

解决问题和决策一般有以下四种限制。

① 视对情况熟悉与否,要求的努力和时间不同。在情况不确定时,需要更多时间收集信息来增加确定性,剩下的时间就少了,造成可用时间限制。

② 短期记忆限制。

③ 人的一些不足:不能自然使用形式逻辑和应用概率到日常情况,主要靠经验,满足于"足够好"而不是通过分析得出最好。

④ 喜欢寻求增强"自信"的信息,不相信不支持"自信"的信息,更坏的是过分"自信"(从过去成功的决策建立的自信)。

此外,研究表明表达建议的方法也影响问题解决的难易,建议的表达方法有以下四个要素。

① 解决问题开始时情况的说明——探知信息。

② 要达到的目标状态的说明——间隔状态。

③ 一组可能采取的改变现状的行动——可能的程序和行动。

④ 附加的限制,如流量和空域的限制,它增加了找到成功解决路径的困难。

　　将上述表述方式应用到空中交通管制问题：在核查潜在间隔损失时描述开始的情况；把目标状态作为间隔要求；空中交通管制程序和控制的手段作为一组可能采取的行动；任何交通流动、空间约束、气候作为限制。

A 课后习题

1. 视觉系统的组成及功能是什么？
2. 近视眼和远视眼的特征是什么？如何矫正近视眼和远视眼？
3. 视错觉都包括哪些方面？
4. 听觉系统的组成及功能是什么？
5. 影响听力的因素包括哪些方面？
6. 影响听懂语音的因素包括哪些方面？
7. 注意力的定义是什么？注意力的使用包括哪几个方面？
8. 记忆力的定义是什么？记忆力按照持续时间可以分为哪几类？
9. 记忆的三大规律是什么？
10. 疲劳的定义是什么？疲劳按照发生部位和持续时间如何进行分类？
11. 疲劳的危害包括哪些方面？改善和防止疲劳的措施包括哪些方面？
12. 应激的定义是什么？应急的影响因素包括哪些方面？
13. 人体生物节律的定义是什么？
14. 人体生物节律如何影响班组轮班？
15. 解决问题和决策限制包括哪几个方面？

第3章 人的认知过程

▲ 学习提要及目标

本章的主要内容是让学生了解人的认知过程和管制员、签派员的情景意识。重点掌握和了解认知心理学的基本情况、认知系统的组成及人的认知系统的特征，从人自身的认知角度出发，分析和了解认知系统；管制员情景意识的定义、组成、影响因素及提高和保持情景意识的水平和途径等。

通过本章学习，应能够：

（1）理解和掌握人的认知系统的特征、组成、过程；

（2）理解和掌握管制员情景意识的定义、组成、影响因素及提高和保持情景意识水平的途径等；

（3）了解签派员的情景意识。

3.1 认知心理学概述

3.1.1 认知心理学的定义

认知心理学是20世纪50年代中期在西方兴起的一种心理学思潮和研究方向，到20世纪70年代成为西方心理学的主要流派。认知心理学广义上是指研究人类的高级心理过程，主要是认识过程，如注意、知觉、表象、记忆、创造性、问题解决、言语和思维等；狭义上相当于现代的信息加工心理学，即采用信息加工观点研究认知过程。

因此，认知心理学的理论认为思考与推理在人类大脑中的运作和电脑软件在电脑里运作相似。认知心理学理论时常谈到输入、表征、计算、处理以及输出等概念。

3.1.2 认知心理学的历史与发展

认知心理学第一次在出版物出现是在1967年尤里奇·奈瑟尔的著作《认知心理学》中。唐纳德·布罗德本特于1958年出版的《知觉与传播》一书则为认知心理学取向建立了重要基础。此后，认知心理取向的重点便是唐纳德·布罗德本特所指出的认知的信息处理模式——一种以心智处理来思考与推理的模式。认知心理学是心理学发展的结果，与西方传统哲学也有一定的联系，主要特点是强调知识的作用，认为知识是决定人类行为的主要因素。这个思想至少可以追溯到英国的经验主义哲学家，如培根、洛克等。笛卡尔强调演绎法的作用，认知心理学重视假设演绎法。康德的"图式概念"已成为认知心理学的一个主要概念。

20世纪80年代、90年代是认知心理学发展的另外两个重要时期。20世纪80年代完整的认知心理学体系基本形成，其指导思想是信息加工理论，将人脑比作计算机，认为认知活动就是信息加工的过程。而 20 世纪 90 年代则是联结主义融入认知心理学的时期,这一进程大大促进了心理学家对人类认知过程特殊性的探索。联结主义使心理学家越来越认识到认知过程在很多情况下并不能用计算机来类比,人脑对信息的加工往往是并行的(平行加工),而不是信息加工理论所认为的串行(顺序加工)。

从内部背景来看,现代认知心理学尽管是在反对某些传统的心理学思想中发展起来的,但它和传统心理学又有着密切的联系。虽然它抛弃了行为主义"只有可以直接观察到的东西才能成为科学研究对象"的观念,但是它高度赞扬了行为主义对客观方法的重视,同时对行为主义的"刺激—反应"理论、强化理论也予以承认;虽然它因重视人的智慧行为的研究而不同于精神分析,但它又承认在人类信息加工中存在着某些无意识的过程,并用精密的客观方法研究了这些过程;虽然它不满意格式塔(gestalt,即完形)心理学某些含糊的理论,但是又吸收了格式塔心理学的整体观,把人的活动视为一个整体进行研究,同时继承了格式塔心理学在知觉、思维和问题解决等领域的研究成果,并进一步丰富了这些成果。在这个意义上,认知心理学表现出现代心理学互相融合的新趋势。

3.1.3　认知心理学的主要理论观点

1. 认知发展理论

认知发展理论是著名心理学家皮亚杰提出来的,认知发展是指个体自出生后,在先天与后天因素的交互作用下,在适应环境的活动中,对事物的认知及面对问题情境时的思维方式与能力表现,随年龄增长而改变的过程。皮亚杰的许多理论研究和观点都极富开创性和启发性,在儿童认知发展研究领域居于主导地位。皮亚杰的认知发展的四个阶段的描述见表 3-1。

表 3-1　皮亚杰认知发展理论的四个阶段

阶段	年龄	阶段描述
阶段一 (感知运动阶段)	0~2 岁	通过探索感知与运动之间的关联来获得动作经验。语言和表象尚未完全形成,依靠动作去适应环境
阶段二 (前运算阶段)	2~7 岁	将感知动作内化为表象,建立了符号功能,也可进行思维。1. 泛灵论;2. 自我中心主义;3. 不能理顺整体与部分的关系;4. 思维的不可逆性;5. 缺乏守恒
阶段三 (具体运算阶段)	7~12 岁	掌握了一定运算能力,但运算能力离不开具体事物的支持。1. 守恒性;2. 脱离自我中心性;3. 可逆性
阶段四 (形式运算阶段)	12 岁以后	儿童思维发展到抽象逻辑推理水平。1. 假设演绎推理;2. 青春期自我中心

2. 信息加工理论

现代认知心理学的核心理论就是信息加工理论,信息加工心理学家认为,"人就是一个信息加工系统"。心理学对人类行为的研究必须以人内心的机制和过程为主要内容,而内心的过程就是信息的接收、储存、识别、提取、处理、使用等按一定程序进行的加工过程。鲍威尔的模型(见图 3-1)大体上描述了人脑作为一个信息加工系统在认知活动中的微观过程,可以说是一个代表。

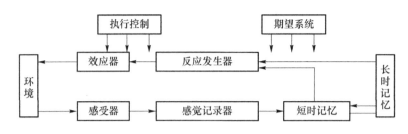

图 3-1　信息加工模式

3.1.4　认知心理学的研究方法

虽然认知心理学家关心的是作为人类行为基础的心理机制,其核心是输入和输出之间发生的内部心理过程。但是,人们不能直接观察内部心理过程,只能通过观察输入和输出的东西来加以推测。因此,认知心理学家所用的方法就是从可观察到的现象来推测观察不到的心理过程。

认知心理学的研究方法构成了认知心理学的研究体系,主要包括以下 7 种。

1．抽象分析法

此方法又称为会聚性证明法,指的是用人与计算机之间的功能相类比,以实验分析为辅助,通过综合与抽象,以推理和判断的方式得出结论的研究方法。

2．计算机模拟

此方法是利用计算机模拟、检验来发现人的认知活动及其行为表现的研究方法。

3．流程图示研究

此方法是指以流程图的形式表示人的心理活动,并以此分析人的信息加工过程的研究方法。

4．口语报告法

此方法最初是由德国心理学家邓克(Duncker)首先发展出来的,后来,纽厄尔(Newell)和西蒙(Simon)在研究问题解决时把它当作一个重要的方法加以应用。它要求被测试者在解决某项问题时发出声音来讲出其思维内容,研究者记录后进行分析,从而揭示被测试者认知活动规律的方法。

5．反应时测量法

此方法是记录刺激作用于被测试对象到其做出明显反应所需要的时间,即记录刺激与反应之间的时间间隔。它是作为个体内部加工信息过程的复杂程度的指标。

6．眼动研究

眼动研究具有几个重要的动作概念,见表 3-2。

表 3 - 2　眼动研究的重要动作及概念

动作	眼跳	潜伏期	眼跳抑制	眼球震颤	回跳	回扫
概念	眼球注视目标位置变换的过程	发动一个眼跳所需要的时间	眼跳过程中视觉输入敏感性降低的现象	眼球注视目标时发生的持续颤动	与视觉运动方向相反的眼球运动	注视点从一行的末尾跳到另一端的开始

7. 认知神经科学

认知神经科学是一门新兴的交叉学科,其研究任务在于阐明认知活动的脑活动机制。

3.2　人类的认知系统及其特征

20 世纪中期,世界科学史上诞生了探索人类智慧产生和发展的前沿性尖端科学——认知科学。认知科学的诞生,受到了计算机科学、语言学和神经科学等学科的影响,是关于人类心智的多科学、跨学科的合作性研究,由心理学、计算机科学、语言学、人类学、神经科学和哲学六个领域的学科组成。认知心理学作为认知科学的核心学科之一,是对人类的认知活动过程及心理机制的探讨。

3.2.1　人类的认知系统

认知心理学认为人由两大系统组成,一个是维持生存的系统,它涉及人类的情绪、需要、动机、意志及维持生命与延续生命的部分;另一个是认知的系统,它涉及个体获取知识和经验的内部心理操作过程,以及个体学习与运用知识的过程。

这两个系统是相互联系和相互作用的。例如,当一件事件对一个人产生了压力时,就会使这个人感到焦虑与紧张,他就必须运用认知系统来评价与决定是否做出行动,从而会影响他的注意、学习、记忆、思维与判断等。反之,认知系统也会作用于维持生存系统,它通过调节与控制人的心理活动与行为表现,来达到认知目的的调节与控制。

认知系统由四个部分组成,分别是有限容量的信息传递与处理系统、认知策略系统、知识经验系统和自我监控系统(即元认知系统)。四个组成部分彼此之间的联系用箭头表示,以说明信息如何从一个系统传递到另一个系统。信息的传递有些是自下而上进行加工处理,有些则是自上而下进行加工处理。认知心理学用模型来说明人类的认知系统,如图 3 - 2 所示。

3.2.2　人类认知系统的基本特征

人类认知系统具有以下基本特征。

1. 人是一个符号运算系统

人类与动物的本质区别之一,在于人类具有接受、存储、加工和运用符号的能力,如语言、文字、记号等,而动物只具有对信号做出简单条件反射的行为,两者不仅存在数量上的差别,而且还呈现出质量上的差异。人类的知识积累过程,都是与语言、符号等活动有关,如果人类不

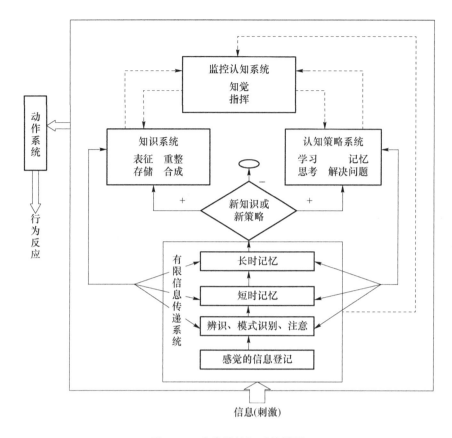

图 3－2　人类的认知系统模型

具备对语言、符号的加工能力,人类文化的产生、发展及传承就不可能实现。而且,人类通过语言、符号媒介,可以使其获得的知识跨越时间和空间的限制。另外,人类的语言、符号具有创造性、复杂性和可变性,这是其他动物对信号的不变行为所远远不能及的。人类通过运用自己的语言、符号来表达思想和感情等,这也是动物对信号的反应行为做不到的方面。因此,知识的传递性与积累性,是人类优于其他动物的主要原因之一。

2. 人类的认知系统是一个多阶段、多层次的信息传递系统

人类的认知系统,不是仅由一个接受刺激和做出反应的单一过程组成,相反,它是一个多阶段、多层次、各司其职的信息传递系统。从图 3－1 中可知,外界信息必须经过感受器把转换成能量的神经冲动传入感觉登记,而只有那些被注意的信息才被模式识别,然后再进入短时记忆系统进行加工,短时记忆系统把已经处理的信息输入到长时记忆系统。只有经过这些阶段的传递与加工处理的操作,才可能把信息转换为个人知识与经验的一部分并储存起来,以备今后使用。

3. 人类信息加工能力的有限性

人的认知过程的每一个阶段,在接受与操作信息方面都受到了人类加工信息能力或加工信息容量的限制。认知心理学的研究表明,人类的信息加工能力在感觉登记、注意、记忆等方面都存在着一定的限制,这是人类本身在学习上的主要障碍之一。

4. 人是一个具有学习与发展有效认知策略的系统

由于人类认知系统是一个信息容量有限的系统,也是一个对信息加工处理具有能力限制的系统,因此一个人在运用这个有限的认知系统去应付各种繁杂的任务、作业和学习时,势必会产生困扰,最大的困扰就是学习之后不久就会遗忘,而遗忘之后又必须再学习,循环往复。因此,人们必须去学习与发展有效的认知策略,借以提高自己的学习与记忆能力和思考与解决问题的效率,并能够遵循科学的认知活动规律,去知觉、记忆、思维和解决问题,以取得事半功倍的良好效果。

5. 人是一个新旧图示整合、构建、重构而后获得知识的系统

人类获得知识,以及对新旧知识的理解和存储,都必须建立在新知识与旧知识的有机联结上,这种联结一般有两种方式:同化与顺应。同化是指个体将新知识有效地整合并构建到自己已有图式之中的过程;顺应是指当个体遇到自己不能用已有图式同化新知识时,对已有图式加以修改或重构,以适应新知识的过程。同化和顺应是一个人层次性和积累性的原因,也是一个人能够在认知系统中存储知识的基本特性。

6. 人是一个不断发展的监控认知系统

监控认知即为元认知,其含义是"认知的认知",是指个体具有"知道"与"使用"自己"知识与认知策略"的能力。元认知的实质是监控自己的认知活动,如监控记忆(又称为元记忆),即个体不仅具有存储与提取信息、符号等的记忆能力,而且也具有关于自己的记忆状况、对知识的保持状况及对运用记忆中知识与经验的能力的了解等。

一个人的元认知能力由两个方面组成:一是知道自己具有哪些知识与经验,知道自己可以采取哪种认知策略;二是根据社会环境的需要与要求,知道自己有哪些能力可以使用特定的知识与认知策略,去处理特定问题的心智操作。元认知是个体在学习过程中逐步提高的一种自我监控与自我指导的能力,凭借这个能力,个人能根据环境的需要与要求,适当运用自己的知识、经验和认知策略,通过各种各样的心智来操作和解决问题。专家与新手在解决同一问题上的表现不同,除了在专业知识与经验方面存在着一定的差异外,关键是在认知策略及监控认知方面,即在元认知能力上存在着差异。因此,元认知能力涉及一个人在信息传递的操作、认知策略的使用及知识与经验的运用三者之间的内在关系。

3.3 认知心理学的认知过程

3.3.1 感 觉

人类具有一个庞大的接收周围环境的信息系统。当外部刺激直接作用于感觉器官,会在大脑产生短暂的记忆。例如,人看电影、电视,将相继出现的静止画面看成运动的,人在看东西时不受眨眼和眼动活动的干扰而保持知觉的联系等。虽然这种记忆十分短暂,但为进一步的信息加工提供额外的、更多的时间和可能。例如,管制员从雷达屏幕或者飞行员报告等方式来获得信息。

3.3.2 知 觉

当信息被人们所觉察,它便沿着不同的神经通路传递到大脑,并进行加工。知觉也可以看作是感觉信息的组织和解释,也是获得感觉信息意义的过程。这个过程相应地被看作是一系列连续阶段的信息加工过程,依赖于过去的知识和经验。管制员有可能在以下三个方面出现由知觉引起的错误。第一,知觉与特定的情境有关,脱离情境的解释就易使人出错。例如,在二次雷达上出现警告声响及标牌闪烁时表示航空器危险接近,这就有可能是纵向间隔不够或横向间隔过小。管制员只有根据当时的具体情境方能做出正确的解释,否则,就可能产生错误。第二,知觉与经验和习惯有关。经验和习惯对人类来说,虽然是一笔宝贵的财富,但在某些情况下却有可能使人误入歧途。从积极的方面来讲,丰富的经验可以使人熟练操作,减轻工作负荷;从消极的方面来看,在条件已经发生变化,过去的经验和习惯已不适合当前的情境时,如果操作者仍然按旧有的经验和习惯去应付,就有可能导致错误。第三,与知觉错误相关联的另一种心理现象是人类的期望。人们在面对模棱两可的提示和信息时,往往会更倾向于选择自己期望得到的一种。在某些情况下,管制员的知觉是在模棱两可或信息量不足的基础上形成的。此时,管制员便可能会在不知不觉的状态下填补上他们自认为缺少的信息,或按照自认为合理的方式去解释模棱两可的信息。正如霍金斯所指出的那样:"我们通常是听见我们想听的声音,看见我们想看的事物。"

3.3.3 决 策

在对信息的含义进行了粗略的识别后,无论这种识别正确与否,信息加工的进程都会由知觉过渡到决策。任何一个问题的解决总要应用某个策略,策略是否适宜与问题解决的成败直接相关。创造性问题的解决和常规问题的解决也在于策略的区别。人在解决问题时,常常从长时间记忆中提取以前解决类似问题所用的策略,或者形成一个新的策略。带有情绪性的或功利心的思考将会影响一个人的决策,使他的决策发生混乱,诸如疲劳、药物、动机等导致的生理、心理上的失调也会影响一个人的决策过程,最终导致错误的决定。根据大量的不安全事件调查,以下几种情境最易使管制员做出错误的决策。第一,当管制员的期望过高时,它常发生于某人在长时间经历某一特定事件或情景后;第二,当管制员的注意力转向其他方面时;第三,当管制员处于防御心理状态时;第四,当管制员处于注意力高度集中后的一段时间里时。

3.3.4 注 意

从输入信息到加工信息、再到对信息的提取和输出,注意都始终伴随着人类的认知过程,它犹如一种背景,对信息起着选择和分配意识的作用。一个很明显的事实摆在我们的面前,那就是人的大脑不仅能接收处理来自各方面的刺激信息。更可以排除那些被认为无用或不想接收的刺激信息。如果两种以上的刺激同时进入我们的大脑以获取注意,大脑就会优先处理那些视觉上具有更大形状、闪动更频繁、对比更强烈、颜色更鲜艳的一种。这就是人类感觉信息的多渠道和注意的单通道性质,其主要原因便是注意容量的有限性,这是导致见习管制员注意力分配和注意力转移困难的原因。见习管制员刚上岗时,由于每项任务对他来说都比较陌生,都需要占据他较多的注意容量,如果在这一阶段教员关注不足,管制员就会表现出注意力分配困难、紧张,导致"错忘漏"现象发生。例如,2004 年 2 月北京区调、2006 年 7 月上海进近、2008 年 3 月沈阳区调,都发生了见习管制员在管制教员不在场时下达错误指令导致管制差错的事件。

3.3.5　行　动

在做出决策后,一定的行为便被激发或抑制。在决策的指导下,人的肌肉运动完成相应的控制或使当前的动作受到抑制。例如,管制员通过了解的信息来指挥飞机、填写进程单等。在日常生活中,人们常常会出现"答非所问""口是心非"的现象,而在管制工作中也有可能出现决策与行动分离,想要做的与实际做的并不吻合的情况。

3.4　管制员的情景意识

随着民航运输业的快速发展,空中交通日趋繁忙,空中交通管制活动变得越来越复杂。如何在飞机架次多、任务重、工作负荷大的情况下确保飞行安全,是每一个管制员都必须重视的问题。管制员作为人,其能力具有局限性,而且能力的发挥也受到许多因素的制约。对潜在问题的"早发现、早处理"是每一个管制员努力的目标,而情景意识水平的高低是实现这一目标的决定条件,因此,提高管制员的情景意识水平是保证空中交通管制安全的重要途径之一。

3.4.1　管制员情景意识的基本概念

空中交通管制的基本任务是保证运行中的飞机保持一定的间隔、安全有序地飞行。因此,管制员必须对管制区域(或扇区)内的交通情况,即三维空间中,每架飞机不断改变的位置、它们未来的相对位置,以及它们相关的参数(如目的地、燃油、通信等),有清楚的了解。这种对交通情况的了解称为"图像(心理图式)",它是制订计划和管制这些飞机航迹的基础。

管制员的情景意识是指管制员在特定的时段和特定的情景中,对影响飞行活动和空中交通管制安全的各种因素、各种条件的准确知觉,以及对未来情况的正确预测。人类在发现问题、分析问题和解决问题这一连续过程中,及时发现问题是解决问题的基础和前提,而警觉水平的高低将直接影响发现问题的早晚和快慢。情景意识水平的高低决定了警觉水平的高低。在空中交通管制活动中,管制员必须面对诸多事物及其各个方面,并对其进行认知和管理。这些事物就是情景意识的对象。简而言之,管制工作中的情景意识就是管制员是否有超前意识,能否意识到潜在的冲突、某些仪器不够准确、某些飞行员对本场不熟悉和天气的变化等,一个具有很高情景意识的管制员应该具有这种超前意识。

3.4.2　情景意识的组成

1998 年 ICAO 在巴西里约热内卢召开的世界范围的通信导航监视/空中交通管理(communication navigation,surveillance/air traffic management,CNS/ATM)系统实施大会中指出,有关人机界面中的人为因素问题,主要是运行人员保持对形势/系统了解认知的能力问题。这里指的形势不是一般狭义的认知概念,而是指广义的管制的复杂性,这种复杂性经常使管制员分配大量的注意力在形势/系统情况上,这样很容易引起管制员遗忘,降低系统性能,最终导致人为差错,甚至安全崩溃(1999,ICAO《人为因素在 CNS/ATM 系统》中的引言)。以下为情景意识所包括的 11 个因素,它们随时更新,与管制员的工作息息相关。

1. 人员因素

一个人的体力和智力状态对他与别人相互作用有很大影响,也影响他完成任务的能力。显然,当某人感到不舒服时,完成任务的效果要比最佳状态差,这些有关人员的因素主要有四种。

(1)身体物理上的舒适程度

如管制室内温度(太热/太冷)、照明(太亮/太暗)及噪声水平等。只要意识到这些情况,就可减小其负面影响。例如,管制室内噪声较大,听飞行员复述时会更加仔细,在发话时会更加靠近话筒;了解到灯光太亮或太暗,可以调节灯光亮度,避免引起视觉疲劳;意识到管制室里的座椅高矮不适合自己,就及时作出调整,避免在上班过程中身体不适。

(2)身体情感上的舒适程度

一个人心情好的时候与心情差的时候相比,工作效率显然不同。影响心情的因素很多,诸如天气、家庭琐事、职称、待遇等。例如,下雨之前,特别是南方地区,天气闷热,往往使人烦躁缺乏耐心。一个有经验的管制员往往能提前意识到这些情况,提醒其他人对自己的工作进行帮助和监督。

(3)应激

应激过度会降低人的能力,如果管制员情景意识水平高,了解自己的应激状态,就可以有意识地放松,或提前放松以调整自己的应激水平,适当合理地调整应激水平是提高工作效率的主要因素。

(4)疲劳

人不一定能了解自己的疲劳状况,但一定知道哪些情况会引起疲劳。例如,睡眠不足、连续的高强度脑力劳动、连续的重体力劳动等。掌握这些情况,估计自己处于疲劳的时间,及时休息调整。

2. 气象

了解当前气象和预报的气象趋势可以提高管制员形势意识的水平。例如,风向变化可能涉及改换跑道或方向;而交通越繁忙,时间就越紧迫;管制员对气象有了解,就会有所准备而降低对交通流造成的影响,显然,航路管制员了解重要气象所在区域也有助于预计航路的要求。对局部气象现象(山区扰流、雾、雷暴强度等)和突发气象(如风切变和微下冲气流)的了解,也会提高形势意识的水平,有助于针对具体情况采用更加有效的解决办法。

3. 机场结构

对机场结构的情景意识,有助于在应急情况时迅速做出正确指挥。不仅要对固有的结构情况,如滑行道、停机坪有所了解,还要对正在进行建设的工程有所了解,有时某个正在进行的工程可能影响塔台管制员的视线。此外,了解机场的目视辅助设施(如灯光、信号、标志)对及时给予飞行员帮助也是必要的。机场结构、机场设施是否工作正常,是一个具有很高情景意识水平的管制员所必须了解的。

4．个体差异

虽然每个管制员都应满足管制工作的最低要求,但个体差异的存在也是不争的事实,对班组内其他人情景意识水平的了解,有助于工作的协调与开展。例如,年轻管制员记忆力好、注意力集中、语言清晰、反应敏捷,老管制员虽然记忆力会有所下降,但是经验丰富。由于请假或某种原因离开岗位一段时间再上岗时管制员会感到生疏,了解这些情况有利于更好地协调工作。"社会梯度"也对工作形势有影响,年轻机长与老副驾驶组合显然不同于老机长与年轻副驾驶的组合,同样情况在管制工作站中也存在。

5．交通情况

准确掌握交通状态是管制员情景意识中极为重要的因素。管制员除了解现状外,还要尽可能掌握预计发展的交通情况,同向超越还是逆向相遇、汇聚飞行还是分散飞行等。冲突解脱的方法各不相同,未来的流量、飞行的种类等诸多交通要素,对管制员的情景意识都相当重要。

6．运行人员和飞行员

飞到一个不熟悉的机场就像到一个新城市一样陌生,需要一个向导。机场管制员,特别是地面管制员,就应是飞行员所需要的向导,为他们提供帮助。管理员首先要弄清哪些是新飞行员;其次要重视不同公司的"企业文化",了解其差异,并在协调工作中加以考虑;最后要了解有关飞行员的无线电通话水平,包括程序和词汇。例如,香港管制员在与内地飞行员通话时就放慢语速,以适应其外语水平。

7．环境

交通环境、管制工作环境与管制工作密切相关。交通环境流畅可以提高航空器的运行速度与飞行流量、减轻管制员的心理负担。管制工作环境的好坏直接或间接地影响管制员身心状态、思维及语言的交流。虽然环境被看作是具有半永久的性质,不在情景意识之列,但有些还是要给予注意。如机场管制员要了解机场四周的重要障碍物,包括机场内的新建筑和建筑设备,相比不了解地形特征,对地形特征有了解能让管制员找出更好的指挥方案。此外,还应了解机场环境对噪声的要求,这可能影响对跑道和起飞程序的选择。总之,对环境特征的了解能让管制员做出更好的指挥预案。

8．导航辅助设施

要清楚已有的导航辅助设施是否可用,性能水平是否符合技术指标。当飞行员不熟悉所需的导航辅助设施位置时,可以及时帮助他,或使用雷达引导来解决问题。

9．飞机性能

要了解飞机性能的差异,如螺旋桨飞机与喷气飞机的性能差异,同一架飞机,短程飞行的性能也不同于远程飞行,这些差异将影响机场和区域管制员的工作,具有较高情景意识水平的管制员可以从飞行计划中了解并适当地调整其管制策略。有时,同一机型不同公司使用的性能也有差异,如爬升速度、爬升率、爬升角等,熟悉这些差异将提高管制员的认知水平,管制员也需要了解飞机性能可能降低的情况,如因气象条件或技术原因而降低。此外,不同飞机有不同的限制,如新型飞机可以不靠陆基导航台而建立非标准的航路点或提供精确的风的信息,而老式飞机则无此能力,因而管制方法也可能不同。

10. 设备

与导航设施一样,对空中交通管制设备的可用性、可靠性及哪些设备性能降低等应当了解。在系统的设计、实施与运行中应建立相应程序,以保证掌握设备的情况,且备有当设备出故障时可采取的措施,并将其包括在训练大纲中。

11. 相邻单位

个体差异的一些问题也可以应用于有工作关系的相邻单位。了解不同单位的实际工作能力,并与可接受的平均能力比较,也是管制员情景意识的内容。这会影响到选择什么样的策略与相邻单位合作。另外,也应了解相邻单位的经验及其限制,如复杂气象、人员缺少或设备问题会降低相邻单位正常接收的容量。

3.4.3 影响管制员情景意识的因素

在管制员情景意识的对象中,有许多因素影响或潜在地影响着空中交通管制质量与飞行安全,及时发现和消除这些因素的不良影响是管制员的重要任务之一。管制员情景意识(个体情景意识和班组情景意识)水平的高低是发现和消除不良因素的关键。影响管制员情景意识的因素及管制员的工作活动是在特定的时段和情景中进行的,如果把管制员的活动放在"人-机-环境"的系统中进行分析,就会发现有许多因素影响着管制员的情景意识,其中,最主要的因素包括以下几个方面。

1. 管制员的工作能力

(1)管制员承受工作负荷的能力

管制员的工作是在一定的工作负荷下进行的,工作负荷的强度将直接影响到管制员的工作状态。管制工作负荷的强度既与空中交通管制任务的性质、内容、飞机数量、空地通信量和时间长短等有关,又与管制员的知识经验、专业能力及认知水平密切相关。如一个正在受训的管制员,在正常情况下能管制五架航空器,而对于一个经验丰富的管制员,除非有不正常情况出现,否则,五架航空器对他来说肯定是轻负荷工作。在正常的工作负荷范围内,管制员处于适宜的工作状态,表现为思维清晰、反应敏捷及情绪稳定,空中交通管制工作的效率和准确性高,管制员能较好地知觉当前的情境和预期未来的状况。当工作负荷过高或过低时,都可能导致管制员情景意识水平低下。

(2)管制员的听、说能力

空中交通管制活动主要是管制员与飞行员通过无线电陆空通话来交流信息、传达和执行指令的过程,为了避免在这一过程中出现差错,ICAO对此作了明确的规定,要求通话发音标准化、通话内容准确化、通话形式规范化。但在实际工作中,还是存在管制员听说能力差,语速过快,误解通话内容,通话方式不规范等,从而导致了一系列的人为差错。

(3)管制员的信息处理能力

管制员对信息的处理能力主要表现在注意、感知、记忆、决策、执行决策等方面,即人对信息进行加工处理的全过程。由于注意容量的有限性、选择性及集中性的特点,有时会使管制员对一些重要的信息产生遗漏或疏忽。如交通量很大时,管制员可能因集中精力处理当前的冲突,而忽视了即将发生的冲突。管制员的记忆能力也会因为空中交通管制任务的时间压力和工作负荷压力而降低。以上这些环节所出现的对信息的遗漏、疏忽和错误的解释,往往与管制员过低的情景意识水平相联系,直接导致管制员产生判断决策失误及行为过失。

2. 管制员的经验和习惯

事实上,在管制工作中所采取的许多行动都是建立在管制员经验习惯的基础之上的。管制员利用其经验数据库做出适合于特定情境的决策和行动,使解决问题的速度进一步加快,从而能够将注意力更多地投入需要高度重视的问题上。从积极的方面来说,丰富的经验和良好的习惯可以熟练操作,减轻工作负荷,强化情景意识;从消极的方面来看,在条件已经发生变化、过去的经验和习惯已不适合当前的情境时,如果管制员仍按旧的经验和习惯的行为方式去应付,就可能处于低水平的情景意识状态,从而导致错误的发生。

3. 管制员的工作态度

管制员的工作态度包括管制员对空中交通管制工作的认知要素、情感要素及行为倾向要素。当管制员认识到自身工作的重要性和对空中交通管制安全的意义,就会对工作充满热情和兴趣,表现出工作认真踏实、责任心强、严谨自律、积极主动的特点,能够迅速注意到异常信息,及时发现和解决问题。反之,会缺乏主动性,惯性地按经验办事,对异常信息和潜在的问题不能及时发现和解决,造成事故隐患。管制员是否具有良好的工作态度,将直接影响到管制员对情境的知觉状态,其情景意识水平的高低与工作态度良好与否密切相关。

4. 管制员的身体状况

管制员身体状况的好坏直接影响着管制员的工作状态,而在正常的管制工作中,对管制员影响最大的就是疲劳。疲劳对情景意识的影响包括两个方面。一方面,由于人数不足或其他原因,管制员没有足够的休息时间恢复工作所带来的疲劳(尤其是值夜班的管制员还受到昼夜节律紊乱的影响),以致一些管制员疲劳上岗,工作状态处于低唤醒、低意识状态,情景意识水平低下。另一方面,空中交通管制工作的性质和任务,有时也会诱发管制员的疲劳状态。当空中交通管制任务少、长时间处于单调的工作状态时,容易触发管制员厌倦、疲乏和懈怠的感觉。而当管制扇区内的工作任务比较繁忙且时间较长时,管制员由于长时间处于紧张状态,导致阶段性疲劳的出现。

5. 空中交通管制资源的管理与利用

空中交通管制资源的合理管理与充分利用是管制员提高情景意识、保证空中交通管制安全的重要方面。空中交通管制资源主要包括信息资源(气象、航线、航班、飞行进程单)、设备资源和班组资源等。信息资源是管制员明确任务、安排计划、制定调度方案的基础。对信息的收集是否完全、对信息的了解和掌握程度如何,以及是否清楚信息资源与管制工作的关系,将直接影响空中交通管制的准确性和安全性,也是管制员能否在工作中及时发现问题的依据和前提条件。管制员对空中交通管制设备性能的了解,在一定程度上影响着管制员的情景意识水平。班组资源是空中交通管制活动中重要的、可变的和易被忽略的资源。

3.4.4　提高和保持情景意识水平的途径

管制员良好的情景意识是实现空中交通管制安全的前提和保证。因此,如何提高和保持管制员的情景意识水平,是每一个管制员及其管理部门都必须加以重视的问题。管制员情景意识水平的提高和保持可以通过以下途径来实现。

1. 提高工作能力,积累知识经验

管制员工作能力的提高、知识经验的积累是建立良好情景意识的前提。空中交通管制是一项需要专业技能的工作,一个合格的管制员要想获得较高水平的情景意识就必须具有相应的能力以及丰富的知识、经验,否则,情景意识便无从谈起。另外,还应该吸取以往的经验教训,并借助模拟机训练等辅助手段,提高自己的情景意识水平。

2. 培养良好的工作态度

对管制员工作态度的培养是形成良好情景意识的保证。管制员工作态度的好坏会直接影响其情景意识水平的高低,对管制员工作态度的培养是一项不容忽视的任务。培养管制员良好的工作态度,应从三个方面入手:首先,要提高管制员对空中交通管制工作的认识,使其明确空中交通管制工作的重要性及意义,并使之内化为自我的认知观念;其次,要充分调动一切积极因素,激发管制员对空中交通管制工作的兴趣;最后,严格执行管理制度,通过系统、规范的管理,使管制员在工作中形成良好的行为习惯,养成对工作兢兢业业、认真负责、一丝不苟的工作作风。

3. 有效管理与合理利用空中交通管制资源

空中交通管制资源的有效管理与合理利用是保持良好情景意识的根本。空中交通管制活动就是管制员运用自己的能力,对空管资源进行有效管理与合理利用,从而实现空管目标的过程。管制员要对空中交通管制资源进行有效管理与合理利用,一是要明确空管资源对空管工作的重要性,以及空管资源所包含的内容;二是要学会如何运用所拥有的资源,知道怎样才能充分发挥各资源的优势。管制员只有做好以上两方面的工作,才能保持良好的情景意识,才能使问题早发现、早解决。

综上所述,管制员情景意识水平的高低是空中交通管制活动能否顺利进行的前提和保证。管制员的情景意识水平受其工作能力、工作态度、经验习惯、身体状况,以及对空管资源的管理与利用等因素的影响。管制员只有不断提高自己的工作能力,丰富自己的知识经验,保持良好的工作态度,对空管资源进行有效管理与合理利用,才能不断提高自己的情景意识,并使其保持在较高的水平,从而实现空管安全。

3.5 签派员情景意识

飞行签派是航空公司组织和指挥飞行的中心,在机组、管制、机务、机场等保障部门中起着桥梁作用,需要分析气象、航行通告、飞机性能等多方面的运行因素,面临着大量的动态信息,对航空安全起着越来越重要的作用。研究表明,80%的民航事故是由人为差错造成的,而人为差错中情景意识的错误又占较大的比例。具有良好情景意识的签派员,能敏感地察觉和感知运行环境的变化及影响,准确地预测差错形成的过程和后果,能在事态恶化前将其终止。

3.5.1 签派员情景意识的基本概念

签派员的情景意识是在特定的时间和情境中对影响飞机运行的各种因素、条件的准确认知,以此对未来状况进行预测。签派员情景意识培养来源于飞行员的机组资源管理。签派员负责组织、安排、保障航空公司飞机的飞行与运行管理工作,是在飞行前收集所有与飞机运行相关的信息,运用专业知识进行分析评估,对飞行全程进行决策和控制,避免进入危险的情况,签派员的情景意识对于预判可能影响飞行安全的因素,及时采取相应的措施至关重要。比如,当接到某段航路临时禁航的航行通告,具有良好情景意识的签派员应立即判断出受此影响的航班、选择相应调整方案、进行电报拍发等问题。

3.5.2 签派员情景意识的影响因素

随着民航科技的发展和自动化水平的提高,签派员的实际操作逐渐减少,倾向于监视、决策和控制。对于签派员来说,其对信息获取的完整性、对整个运行过程的了解程度、对事态发展预测的可靠性,都将对差错的发生产生重大影响。从签派资源管理(dispatch resource management,DRM)的角度分析,影响签派员情景意识的因素主要包括以下几个方面。

1. 情景意识专业的知识和经验

签派员的情景意识需要通过专业的训练养成,航空公司签派员养成速度跟不上公司发展及机队规模和航班量的增长速度,相当多人员来自其他专业,只经过 800 h 培训便上岗就业,这不能保证其具备良好的专业素养,从而导致部分签派员情景意识缺乏,不能对动态的、持续的运行环境给予准确的感知和评估,更何谈对风险的把控。

2. 承受工作负荷及对信息的处理能力

工作负荷的强度直接影响签派员的工作状态,正常的工作负荷范围内,签派员处于舒适的工作状态,思维清晰、反应敏捷、工作效率和准确性高,对运行环境的变化比较敏感,能够较好地判断对飞行运行的影响。工作负荷过高或过低时都可能导致签派员情景意识水平降低。

由于注意容量的有限性和选择的集中性,签派员在对信息处理时会遗漏一些重要的信息。这往往与签派员工作负荷有关,从而导致情景意识水平低下,进而将直接导致签派员判断和决策失误。因此,要注重签派员情景意识第一层面的培养,提升信息的处理能力。

3. 健康的身体和心理素质

目前,国内签派员采用倒班制,受昼夜节律混乱的影响,身体的疲劳和心理的焦躁也是影响其情景意识的重要因素。要保持有效的值班,首先是健康的身体,保证充足的休息才能保证值班期间充沛的精力,高度的注意力。其次,心理的健康要求签派员具有认真的工作态度、满腔的热情和高尚的道德水准。这也是签派员具有良好情景意识的基础。

4. 管理水平和领导能力

DRM 是签派员对所有运行相关信息的综合管理,目的是消除人的不安全行为、物的不安全状态和管理上的不安全因素。良好的管理水平与领导能力能使签派资源得到更合理的利用,因此,良好的情景意识要包含管理水平和领导能力。

3.5.3　签派员情景意识的培养方案

1. 完善情景意识培养和训练的框架

签派员情景意识的培养和训练往往结合 DRM 进行,具体培训哪些内容,如何对签派员培训内容掌握程度进行量化考核,这些都没有详细的标准。因此,航空公司应补充完善签派员训练大纲中关于情景意识训练的详细要求,严格执行考核标准,突出飞行安全方面的重要性,加强训练。

2. 加强情景意识案例的研究学习

签派放行工作影响因素很多,突发情况也比较多,在培训过程中,只针对理论学习是远远不够的。应广泛收集案例,签派员可以将在飞行和管制工作中遇到的优秀案例加以消化吸收,转化为签派员情景意识案例库,拓宽学习领域,增强风险管控能力。

3. 加强模拟机训练

虽然签派员模拟机训练已经提上日程,但针对中国民用航空局的签派员最低时限的要求,部分公司存在走过场、假训练、降低级别或减少时间要求的情况。模拟机训练能还原真实飞行运行情况,尤其是突发情况处置,签派员应在训练中感知飞行中机组最需要的支援,选择相应处置措施,形成良好的情景意识,才能在现实中为机组提供相应的技术支持。因此,各航空公司应为签派员设置模拟机训练计划及特情处置的训练科目,以提升签派员对飞行运行的情景意识。

4. 提升签派员综合业务能力

良好的情景意识是以扎实的业务功底为基础的,签派员不仅要熟知相关的民航规章和公司运行手册,还要尽可能多地掌握飞行、机务、飞机、空中交通管制及商务运营等方面的知识,在实践中灵活运用,出色地完成运行管理工作。

🅰 课后习题

1. 人的认知系统的组成及特征包括哪些方面?
2. 人的认知过程包括哪几个方面?
3. 管制员情景意识的定义是什么?情景意识的组成包括哪些方面?
4. 管制员情景意识的影响因素包括哪些方面?
5. 提高和保持情景意识水平的途径包括哪些方面?
6. 签派员的情景意识的影响因素包括哪些方面?

第4章 人的差错

本章的主要内容是介绍人的差错概念,使学生理解并掌握人的差错的定义、特点、分类,以及人的差错在实际中的应用等。

通过本章学习,应能够:

(1)理解和掌握人的差错的定义、特点;

(2)理解和掌握人的差错的分类;

(3)理解和掌握"错忘漏"的概念和特征;

(4)理解和掌握违规的定义、分类和特征;

(5)理解和掌握人为因素差错的应用。

4.1 人的差错的概念

人都有犯错误的倾向,错误是人类行为的组成部分。在日常生活中,小的失误可能会给我们的生活带来一些困扰,但对于核电站、航空等高风险行业而言,人的差错可能会产生严重的社会和经济后果。根据核工业、宇宙飞船、交通、船运工业及航空事故和事件统计结果分析,所有系统(不论其领域的差异)的失效中,60%~90%可归咎于人的差错行为/行动。在空中交通管制领域,目前,大部分不安全事件都源于人的差错,这需要加以研究和防范。

4.1.1 人的差错的定义

在阐述人的差错的定义之前,应先了解人的行为、行动和绩效的概念。

"行为"(action)指人所做的对 ATM 系统有影响的任何事情,可以理解为一系列人的行动(behaviour)或功能(function),如感觉、决策、交谈、监控及解决问题等。这些行动和功能与系统目标的相符程度,表征了系统中"人"这一组成部分的绩效。

人的差错一般指的是可能或已经导致系统负面效应的人的行为(或不作为),即人的绩效的另外一面(Reason 指出,人的差错与人的绩效好似一枚硬币的正反两面,都具有相同的心理过程)。因此,人的差错应该以系统效能作为标准,如果不知道系统效能,就很难对人的行为的好坏进行判断。完整的人的差错模型中应包含系统效能。

值得注意的是,在实际应用中,"人的差错"一词由于分析的出发点不同、分析人员来源的领域不同,它所代表的意义也不相同,至今并未得到完全统一。例如,人的差错可以表示某件事件的原因(cause)、事件本身(event)或动作的后果(outcome,consequence)。

① 原因。油喷溅出来是由于人的差错。这里,焦点在于后果的原因。

② 事件、动作。"我忘记了检查水位。"这里,焦点在于动作或过程本身,而不考虑后果。

在有些情况中,虽然动作的后果可能并没有发生,但人们仍感觉犯了一个错误,例如,忘记做某件事。相似地,忘记某件事或某个动作并不总是直接导致一种可观察到的后果。

③ 后果。"我错把盐放到咖啡里了。"这里,焦点仅仅在于后果,虽然同时描述了错误的动作。在这个例子里,把盐放到咖啡里等同于使咖啡变咸了而不是变甜了。

这里不想从更深的哲学角度进行探讨,只想说明"人的差错"一词使用的广泛性,它导致系统和科学地研究"人的差错"的难度大大增加。目前,一般认为"人的差错"指的是事件/动作,这样有助于人的差错原因的分析。

4.1.2 人的差错的特点

人的差错与机器失效不同,具有其独特特点。了解人的差错的基本性质,对于深入分析空中交通管制人的差错发生机理具有重要作用。

1. 人的差错的随机性与重复性

人的差错常在不同甚至相同条件下重复出现。其根本原因就是人的能力与外界需求的不匹配。虽然人的差错不可能完全消除,但可以通过有效手段尽可能避免。人的差错的随机性与重复性主要来自人的固有特点——人的绩效的可变性。可变性越大,对于大多数情景而言,人的差错行为概率也越大。在这个意义上,可以定义三种人的差错行为:随机性失误、系统性失误和偶发性失误。对于不同个体而言,由于不同的遗传品质、生活环境、培训等因素,在特定的工作环境中会有不同的错误类型和错误频率。

随机性的人的差错行为,是一种超越系统功能允许限度的人的差错行为,不遵循任何可预测的失效模式,只是反映人的行为的可变性超出系统可以接受的变化范围。人的每一种行为都会为失误提供机会,连续的肌肉运动、按规定规程进行操作等都会产生随机失误。

系统性失误行为的特征是以某种一致性偏差的方式偏离期望标准(目标),系统性失误的产生往往是一致性偏差与人的随机失误相结合的产物。偏差可能产生于系统和环境本身,也可能来自操作人员自身的素质、培训或经验。

偶发性失误是一种发生频率很低的超出系统容许范围的人的行为,往往发生在技能熟练的人员身上。由于偶发性失误发生频率不高,发生对象往往受过良好培训,因此其原因常常十分复杂和独特。

2. 人的差错往往是情景环境驱使的

人在系统中的任何活动都离不开当时的情景环境。失效的硬件、虚假的显示信号和紧迫的时间压力等因素的联合效应会极大地诱发人的非安全行为。人的差错行为的产生除了与人的自身素质、个性、经验、培训水平等有关外,还直接受到不良工作环境设计等因素的影响。因此,人的差错行为的预防策略不能单纯要求运行人员增强责任心,或改善人员培训选拔方法来完成,还需要系统研究人的差错行为形式背后的种种可能原因,这样才能有效预防或减少失误。

3. 人的差错的可修复性

人的差错行为会导致系统的故障或失效,然而在系统运行异常时,人能通过系统的反馈功能或自身的感知意识与认知能力,发现与解决系统存在的问题,或者及时纠正自身的失误动作。人的这种自恢复或自修复能力,设备和机器是难以具备的。

4. 人具有学习能力

人能够通过不断的学习改进工作绩效。通过学习,人的某种社会心理需要、行为模式、情感反应和态度得到发展和完善。学习过程的模式是复杂的、长期的,其效果可以体现在技能型的操作任务的熟练程度上,也可以延伸到以知识性行为为基础的决策行为的优化水平上。

4.1.3　人的差错产生的因素

关于人的差错产生因素有很多观点,包括认知的观点、工效的观点、行为的观点、航空医学的观点、社会心理的观点及组织的观点等。

图 4 - 1 所示的信息加工过程就是认知观点的一个例子。认知模型为我们洞察差错和事故为何产生提供了可能。工效或者系统的观点认为,人的绩效是多种因素相互作用的复杂结果,这些因素包括"个体、他们使用的工具和他们与其工作环境之间不可分离的联系"。系统观点最著名的是 SHEL 模型,它认为人的差错发生在人、硬件、软件、环境之间不匹配的时候。行为的观点则既不强调个人的信息加工能力,也不重视人如何与系统整合一体,行为主义者相信人的绩效由获得奖赏与避免不愉快的后果或惩罚驱动。航空医学的观点大部分基于传统的医学模型,认为差错主要是由潜在的智力和生理状况引起的。社会心理的观点则强调多个个体之间交互作用的社会努力过程。组织观点从组织的途径来理解人的差错,强调组织在事件的起源和管理人的差错时所扮演的角色。

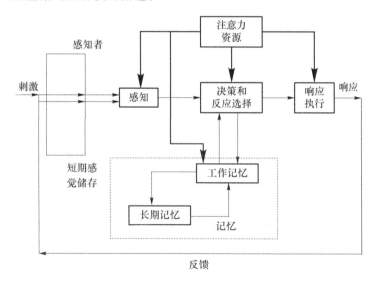

图 4 - 1　信息加工过程

管制工作是复杂的智力活动,管制员要通过与飞行员的通话、观察雷达屏幕等渠道获取信息,然后对信息进行处理,做出适当决策,并通过通话发布指令。由于各种原因,这一过程中,管制员可能会出现各种类型的差错。例如,在言谈中,主要的差错起源是语音混淆、遗漏、错误的期望和非标准顺序等。在表格信息中,将一行或一块数据看成另一行或另一块数据,以及因字符和形状差别小而引起识别错误。实际管制工作中,促使人为差错产生的因素非常广泛,与管制工作所处情景环境有关,除了管制员培训、经验、疲劳等自身因素之外,管制所用设备设计不当、文件材料缺陷、不良的外界环境、与飞行员不良的沟通、组织管理隐患、设计不当的空域结构,以及交通流量过大等都可能诱发人的差错。因此,单纯应用上述任何一种观点都有其局限性。

4.1.4 危险态度

危险态度是指人们对危险的认知和应对方式,不同的危险态度可能会导致不同的行为和结果。在生活和工作中,我们常常会面临各种各样的危险,了解和纠正危险态度是非常重要的。这里将介绍五大危险态度,并探讨其对人们的影响。

第一种危险态度是轻视危险。有些人对危险不够重视,认为自己能够应对任何风险。他们可能会忽视安全警示,不戴安全帽,不系安全带等。这种态度往往会导致意外事故的发生,给自己和他人带来危害。

第二种危险态度是侥幸心理。这种人往往认为自己运气好,不会遇到危险。他们可能会违反交通规则,超速驾驶或闯红灯等。然而,危险是无法预测和控制的,侥幸心理只会增加意外发生的概率。

第三种危险态度是过度自信。这些人对自己的能力有着过高的评价,认为自己能够做到任何事情。他们可能会冒险尝试危险的运动或活动,而忽视了自身的限制和安全问题。过度自信的态度可能会导致严重的后果,甚至危及生命安全。

第四种危险态度是恐惧心理。有些人对危险过于恐惧,甚至害怕尝试新的事物。他们可能会因为害怕失败而不敢冒险,从而错失一些机会。恐惧心理不仅限制了个人的发展,也使他们无法有效地应对危险和挑战。

第五种危险态度是麻痹心态。这些人可能已经习惯了某种危险环境或行为,对危险的感知和警觉性降低。他们可能会忽略潜在的风险,对安全问题不予重视。然而,危险并不会因为我们习惯了它而消失,麻痹心态只会让我们更容易陷入危险之中。

以上是五种常见的危险态度,它们在不同情境下都会对人们的行为产生影响。为了避免不必要的风险和危险,我们应该树立正确的危险态度。首先,要重视危险,不轻视安全警示和规则。其次,要摒弃侥幸心理,不违反交通规则和安全操作。再次,要有自知之明,不过度自信和冒险。然后,要克服恐惧心理,勇敢面对挑战和危险。最后,要保持警觉,不麻痹于习惯和环境。

4.2 人的差错的分类

4.2.1 失误模式

在早期,人的差错理论常常仅列出"外在的失误模式",即根据任务的结构和要素,对失误的明显特征进行区分。例如,Swain&Guttman,1983 提出三类失误。

① 遗漏——应该执行的行动没有执行,包括遗漏整个任务或某个步骤。

② 执行——应该完成的行动没有正确执行,包括选择错误、顺序错误、时间错误和定性

错误。

③ 无关行动——执行了错误或不必要的行动。

4.2.2　失误的分类

Reason 于 1990 年在他所著的《Human Error》一书中写道:"失误(error)被作为一种通称,表示预定的思维或操作活动计划没有达到预期目的,而这并不能归因于偶然的干预。"意向行为没有取得预期的目标,原因可能是计划本身不正确,或行为没有按计划执行。在此基础上,可定义如下三类失误。

1. 疏忽(slip)

疏忽是指在计划行动执行阶段和/或储存阶段出现的失误,一般具有可观察性,是没有按照预定或者计划实施的行为。例如,抄写航班号时数字颠倒,或者进程单高度顺序弄乱。

2. 过失(lapses)

过失是指在计划行动执行阶段和/或储存阶段出现的失误,在工作中因信息追溯或回忆而产生的差错。过失(记忆失效)比较隐蔽,除非某人意识到某些事情还没有做。例如,管制员解决冲突飞机的同时,忘记对其他飞机进行调整。

3. 错误(mistake)

预定行动可能完全按计划执行,却没有达到预期目的,这类失误称为错误。Reason(1990)将其定义为"错误是判断和/或推理过程中,在选择目标或确定达成目标的手段时出现的失误,而不论行动执行阶段是否按照计划执行"。也就是自以为正确的事情,而事实上却是错误的。这类失误通常更微妙、更复杂,比疏忽更危险,也更难以觉察,例如起飞指令错发。错误还可进一步分为如下两方面。

① 专业知识失效,错误运用预案或问题解决方案。

② 缺乏专业知识,在缺乏相关情景处理程序的情况下,运用已有知识,制定解决方案时出现的错误。

4.2.3　违　规

Reason 描述了违规,即违背安全操作程序的行为,它只能用动机来解释。

一般来说,行动可能是故意的,违规所带来的后果通常并非操作者所希望出现的。梅森(Mason,1997)将违规定义为"故意偏离为保证设备安全有效运行或设备维护所制定的规则、程序、指令或规定"。梅森指出,工作中违规现象有如下两个主要原因。一是"直接诱因",直接促使操作和维修人员违反规则,直接诱因包括使生活更简单、经济利益、节省时间、不切实际的运行或维修指令等;二是"行为调节因素",它会增加/降低个体出现违规的可能性,行为调节因素包括安全意识低、对后果严重性认识不足、管理和监督不够、训练不充分等。

另外一种分类方法不是按动机本身进行分类,而是按动机机理将违规分为如下四类。

① 例行违规,指在违规者的同事中,违反规则、程序或指令的行为已经成为一种普遍现象。

违规不同于失误,大多数都是有意造成的违规。有些违规是由肌肉记忆造成的,虽然没有投入过多意识,但也算是违规操作中的例行违规,或是普通违规。如申请的是 060 飞行方向,却是按 050 航向飞行,或是飞行员没有严格遵守速度限制标准,且没有得到管理员许可而超速飞行等,这些也许是无意识,但属于违规的情况。

② 情景违规,由违规者工作场所或环境中某些因素造成的违规,包括工作区的设计和条件、时间压力、员工数量、监管、设备可用性、设计,以及组织机构无法控制的其他外在因素。

情境性的违规,大多数都是发生在一定情景下,比较熟悉的或经过训练过的科目。相比于例行违规,飞行员会有更多的意识操作,如在临近机场时开始下雨,跑道湿了,机组却没有重新计算着陆标准,只是简单决定采取自动刹车,从而引发错误;也可能是在减速跑道上没有重新计算飞机起飞性能,依照原有速度进行飞行;或是地面发出新指令,但机组没有按照新指令要求执行,发生违规事项。

③ 异常违规,一般情况下很少出现,仅在异常情况,如紧急情况下才出现的违规现象。

异常违规多发生在较为紧急的情况中,往往是危险、困难的问题,需要占用过多注意力并综合判断分析的事项。如由于座舱失重而导致氧气面罩释放,接通空调组件进行恢复后仍然决定提升飞行高度;或是为了尽早落地,机组采取较晚调速,先放下轮子再放襟翼,造成不良后果时也没有及时处理,情急之中因紧张而违规;或是违反飞行标准操作程序的相关规范,直接做出某些未经授权的试验性操作,增加危险系数。

④ 乐观性违规,寻求痛快式违规,这类违规常由好奇、厌倦或寻求刺激产生。

这种情况不多见,有时候飞行人员心情好,做出一些不该做的,例如,天气条件并不太好,却要练练非精密进近,结果下雨,风大,能见度不好,为了面子不复飞,造成较大偏差落地等。

对于各项违规与差错,首先应让飞行员熟知不能依靠犯错积累经验,只有建立差错概念,强化飞行员记忆,通过学习强化知识,帮助机组提升情景意识,才能在不同情景下提供最优解决方案。

机组人员应将注意力放在重点信息上,避免各种误判所带来的影响,在出现复杂情况时,应对各个因素进行排序,优先解决重大问题,避免决策失误。同时,也要最大程度去避免各项危险事故的发生,不能因过于追求完美而导致精力不足,最终引发更严重的失误,如过于追求下降精准度,或自主绕开恶劣天气,或由于不愿意接受机组人员与管制员的意见,争强好胜,都会造成误判,导致失去救援机会。

而对于违规操作,应制定相关政策对管制员与飞行员进行规范。对于管理层,应努力适应环境的变化,避免与现实脱离的管理规定让机组被迫违规,或建立相关员工反馈渠道,及时收集运行困难的各项信息,坚持以人为本,为工作人员提供舒适的工作环境,减少其压力,并汇总各类差错情况,分门别类地进行分析,避免以罚代管的管理原则。

飞行员也应建立自身的道德底线,并建立风险思维,杜绝侥幸心理,否则,只要存在风险,就一定会造成不良后果。飞行员应保持平常心态,防止内心产生进行违规操作的强烈欲望。

在我国空中交通管制不安全事件中,大量事件都与不按规定使用进程单等违规行为有一定关联。各项规章制度的制定都有其原因和背景,违规现象一般不会直接导致事故发生,但在特定情况下会增加事故发生的可能性。

4.2.4　绩效水平

1981 年拉斯马森(Rasmussen)提出了描述人员绩效的三种水平,它们分别是技能型水平 (skill - based lever)、规则型水平(rule - based lever)和知识型水平(knowledge - based lever)。

① 技能型水平的行为是不需要意识控制的、自动的、高度综合的感知—执行行为,其绩效 主要依赖于前馈控制保持快速协调动作。技能型水平行为不需要有意识的注意或控制,因为 个体已经具备相应的"自动子程序",所以可以同时进行其他任务。技能型错误可追溯到"执行 程序",主要源于施力准确程度的差异,以及空间或时间协调等。

② 规则型水平的行为是由一组规则或协议所控制和支配的,需要一定程度的注意力参 与,但它与技能型行为一样,也有可能同时进行其他任务。它根据大脑中储存的以前的经验和 计划行为来控制"行为子程序"。规则型行为是目标驱动的,但是通过储存规则由前馈控制来 组织。规则型行为的失误涉及长期记忆,通常与情况判断错误而导致错误规则的运用或程序 记忆混淆有关。

③ 知识型水平的行为由明确的目标驱动,这种行为需要高度注意力的参与,因此无法同 时进行其他任务。知识型行为通常发生在当前事故征兆不清楚、目标状态出现矛盾或者在完 全未出现过的新情景环境下,操作人员必须依靠自己的认知经验来选择目标、制订计划和解决 问题。这个水平上的错误往往受到资源、人的知识结构、主观性经验、应变能力等多种因素的 制约。

4.3　人为因素差错应用

4.3.1　改进 Reason 模型

从对许多大型工业事故的调查中,人们提出的与事故直接相关的两个问题如下。

① 许多动机良好且具有积极性和胜任能力的运行人员是如何与为何犯下这种错误的?

② 类似情况还会再次发生吗?

答案如下。一方面,运行人员不是独立工作的,他们是在一定的社会环境中计划和实施行 动的,是组织的组成部分,存在一定的任务分工,需要配合、协调、分担目标和接受共同授权。 此外,运行人员不是在真空中工作,他们的行为和态度是其领导和组织的反映。例如,不重视 规章制度的态度不是一夜形成的,而是在不重视程序的环境和风气中逐渐形成的。另一方面, 像航空运输、宇航、海运、核电等大规模使用高技术的组织被称为社会技术系统。在这种系统 中,组织机构将技术因素和人组合起来以实现其目标:运送客、货,产生电能。虽然事故的发生 表现在运行人员(飞行员、管制员、签派员和维修人员)上,但有些原因则是潜藏在组织中,在一 定条件下,存在于组织、管理和运行环境中的缺陷会影响人和技术的表现。

在 Reason 模型中,James Reason 把航空工业看成一个复杂的生产系统。该系统最基本 的一个元素便是决策层(高级管理层、公司法人机构或者监管机构),他们负责设定目标,利用 可用的资源来达到两个不同的目标并在其中求得平衡。这两个目标是:安全目标和及时高效 地运送旅客和货物的目标。第二个重要元素是管理层,他们是决策层所做决策的执行者。决策层的决策和管理层的措施要想产生有效的生产活动,必须具备一定的先决条件。例如,必须具有可靠的设备,劳动力必须具备技能、知识和动机,环境必须具备安全条件。最后的元素是防线(防护线),它的作用通常是防止可预见的人员受伤、设备损坏及代价昂贵的服务中断。

改进后的 Reason 模型如图 4-2 所示。

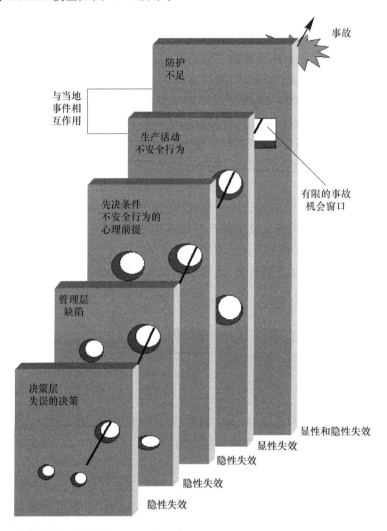

图 4-2 改进后的 Reason 模型

根据后果的直接程度,失效可分为两类——"显性失效"和"隐性失效"。显性失效是指具有直接不良效应的差错或违规。这类差错通常由一线操作者所为。管制员将一个指令错发给另一架飞机便是这类失效的例子。隐性失效是指在事故发生很久之前,做出的决策或采取的措施造成的后果,它可能长时间处于隐性状态。此类失效通常起源于决策者、监管者或管理层,即那些在时间和空间上都远离事件的人。例如,空域划分扇区后,没有提供有关的标准操作程序和培训,这就是一种隐性失效。这类失效也可能由人的状况(如动机不足或疲劳)带入系统的各个层次。

隐性失效起源于不当的决策或不正确的措施,独立发生时并无危害,但它可能与其他因素相互作用,给飞行员、管制员或机务员造成"机会窗口"的显性失效,并突破系统的所有防线而造成事故。当技术问题、不利的条件及自己的行为激发了系统中存在的隐性失效时,一线运行人员是情况的处置者。在防护良好的系统中,隐性和显性失效虽然相互作用,但往往不会突破防线。当防线作用良好时,产生的是事故征候;当防线失去作用时,产生的就是事故。

4.3.2　应用分析

为了说明如何把该模型应用于事故的调查,我们用一个假设的火灾事故来说明。

事发经过:这起火灾由一个男子躺在床上吸烟引起,该房屋未安装烟雾报警器,且该男子及其家人已在火灾中丧生。一名消防员在救火过程中因吸入有毒气体受伤,房屋已烧毁。有一些值得关注的情况是:消防队花了太长时间才做出反应,否则,人员不致死亡,房屋也不致完全烧毁。近年来,消防队由于削减预算,导致经费、人员减少,当时消防队正忙于扑灭另一场火灾,造成对此次火灾的反应过慢。

分析上例,可得出以下结果。

显性差错:男子在床上吸烟;消防员未穿戴好保护呼吸系统的设备。

隐性差错:未安装烟雾报警器(房主易犯的错误决策);政府削减预算导致人员不足、反应时间长(政府方面难免有错的决策);预算削减也导致了消防员训练的减少,可能引起受伤(管理方面难免有错的决策);某些消防员对穿戴保护呼吸系统设备的态度有问题(心理预兆/现场管理的缺陷)。

上述分析介绍了如何应用 Reason 模型来进行事故的分析。可以看到,隐性差错是如何被显性差错或其他事件触发;也可看到,如无显性差错,隐性差错绝不可能完全(充分)发挥其破坏潜力;最后,可以由分析结果提出相应的改进意见。

Reason 模型已被 ICAO(1993,1994)推荐为调研航空事故的方法。它还被广泛用于机场安全调查和许多其他领域,如核电站、石化、矿山、铁路、海运和医药等有潜在危险的工业环境,目的是在发生事故前找出安全方面的缺陷,改善组织有关安全的防范能力。

下面再看一个空中交通管制的事例。

事发经过:2001 年,军航 7132、7145 两架直升机从南昌向塘机场起飞至徐州,预计飞越某地机场上空时间分别为 13:27 和 13:37,飞行高度 2 100 m;国航 1392 由广州至该地,预计到达该地机场时间为 13:15,并于 12:49 与该机场塔台管制员建立了联系。当时,该机场航行部门正组织全体人员在飞行服务报告室开会,部门领导边开会边使用甚高频设备向国航 1392 发出进港条件,并于 13:07 指挥其下降到 2 700 m。此时,值班管制员才匆匆上塔台准备指挥飞机落地,在塔台楼梯上听到国航 1392 询问,是否下降到场压 1 200 m。管制员未证实空中态势,就盲目指挥该机下降到场压 1 200 m。当该部门领导在飞行服务报告室监听到值班管制员的指令后,马上打电话提醒有飞行冲突,由于情况发生太突然,导致该管制员不知所措,未采取任何补救措施。根据国航 1392 和军航直升机的位置报告推算及国航机组反映,国航 1392 穿越军航直升机 2 100 m 高度时,纵向间隔约 6 km;超越时,垂直间隔 100～200 m,构成飞行事故征候。

发生问题的原因及教训总结如下。

1. 管制员个人的显性差错

① 管制岗位无人值班(虽然与领导有关)。

② 严重违反规章制度。在中国交通运输部公布的《民用航空空中交通管理规则》中有如下规章条款。

(一)航空器预计起飞或者着陆前 30 min 完成以下准备工作:了解天气情况、了解通信导航设备可用状况、校对时钟、检查风向风速及气压显示。

(二)航空器预计起飞前和预计进入机场塔台管制区前 20 min,通知开放本场通信导航设备,了解跑道适用情况。

(三)放行航空器时,应当根据飞行计划和任务性质以及各型航空器的性能,合理放行航空器。放行的管制间隔应当符合规定。

(四)按照规定条件安排航空器进入跑道和起飞,并将起飞时间通知空中交通服务报告室或者直接拍发起飞报;航空器从起飞滑跑至上升到 100 m(夜间 150 m)的过程中,一般不与航空器驾驶员通话。

(五)安排航空器按照离场程序飞行,按照规定向进近管制单位或者区域管制单位进行管制移交。

(六)与已经接受管制的进场航空器建立联络后,通知航空器驾驶员进场程序、着陆条件、发生显著变化的本场天气。

(七)着陆航空器滑跑冲程结束,通知航空器驾驶员脱离跑道程序;有地面管制席的,通知航空器驾驶员转换频率联系地面管制;将着陆时间通知 空中交通服务报告室或者直接拍发落地报。

③ 盲目指挥,应急处理能力差。从事发过程发现,值班管制员上塔台后,当国航 1392 机组询问是否可以下降到场压 1 200 m 时,在未完全掌握当时空中飞行状态的情况下,主观认为该机与军航直升机已无飞行冲突,盲目指挥其下降高度。当该部门领导提醒他存在飞行冲突后,该管制员不知所措,未采取任何补救措施,失去了避免飞行冲突的时机,说明其处置特殊情况的能力差。

2. 存在严重的不安全企业文化

不但管制员有违规行为,而且部门领导在明知有飞行管制任务的情况下,不仅未按照规定安排管制员上塔台指挥飞机,还擅自在非管制岗位边开会边指挥飞机,置安全于不顾。在飞机还有 8 min 进场时,才安排管制员匆忙上塔台;实施指挥过程中又未使用进程单,无视飞行安全。这样严重的违规在这里没有受到任何抵制,充满了松散无序的氛围。

3. 没有有效的安全防护

作为复杂的高科技系统的空中交通管理系统,必须具有有效的安全防护措施,在该站没有落实最有效的安全防护措施之一的双岗制。

4. 管制员应急处理能力差

这表明培训不够,也是领导决策中常见的缺陷。

▲课后习题

1. 人的差错的定义是什么？人的差错的特点包括哪些方面？

2. 人的差错是如何进行分类的？

3. "错忘漏"的概念是什么，有哪些特征？

4. 违规的定义是什么？违规的分类和特征有哪些？

第5章 人与人的界面

学习提要及目标

本章的主要内容是通过介绍陆空通信过程,使学生理解并掌握通信的定义、应用,掌握航空中通信、团队、领导、班组资源管理的定义和特征,理解人与人的关系和特征在民航领域应用的特点和规律。

通过本章学习,学生应能够:

(1) 理解和掌握通信的定义,以及民航空中交通管制通信的特征;

(2) 理解和掌握团队定义、领导定义,以及团队和领导的特征;

(3) 理解和掌握班组资源管理定义,以及班组资源管理在民航应用的特征;

(4) 理解和掌握民航空中交通管制班组资源管理、DRM 的应用。

5.1 通 信

5.1.1 良好的空中交通管制通信的重要性

管制员工作需要很多信息。在工作中,管理员与飞行员、其他管制员及相关人员进行通信联系,是获取信息的主要方式之一,但是旁边的声音、背景噪声,以及人耳听到的其他各种声音组合成复杂的听觉刺激,需要管制员将众多声音过滤,接收到有用的信息。有时候,这很容易做到;例如,当环境噪声比较小时,飞行员清晰的声音不会与低环境噪声混淆。有时候就没有这么简单了;例如,当某管制员正在接收另一个管制员传来的信息时,此时飞机联系通信的声音就很容易被忽略。所以,管制员通过听觉系统如何获得准确的信息至关重要。

5.1.2 通信的定义

通信指以令人愉快和易于理解的方式相互交换信息、思维及情感的过程。这种信息传递必须借助于一定的符号系统作为信息的载体才能实现,符号系统是实现交流的工具。用于交流的符号系统可分为两类,即语言符号系统和非语言符号系统。口头语言和书面语言属于语言符号系统,运用这种符号系统进行的交流称为言语交流。手势、面部表情、体态变化及目光接触等则属于非语言符号系统,即人们常说的身体语言系统,运用这种符号系统进行的交流则属于非言语交流。

5.1.3 通信过程

语音通信是一个交流的过程,一个相互交换信息、思维及情感的过程,如图 5-1 所示。这一过程的每个步骤都非常重要。交流开始于一种情绪上或想法上的需要,为达到某一目的,而有动机地建立关系。交流的过程是指说话人经过系统的编码,阐述所要传送的信息,选择传递通道和传递媒介将信息传递给听话人。听话人需要先对信息进行解码,然后对信息进行真正意义上的理解。当听话人不能肯定自己理解的意思是否与原始意思相符时,复诵对掌握真实的信息就变得很重要了。

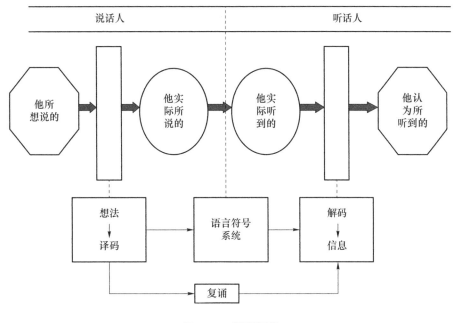

图 5 - 1　语音通信

5.1.4　语音通信过程模型

语音通信过程模型由发布、接收、复诵和监听四部分组成,四部分相辅相成,缺一不可,如图 5 - 2 所示。

5.1.5　空中交通管制语音通信中的常见错误和改善的办法

1. 影响口头通信的因素

① 期望。期望有好处,也有坏处。它有助于解译含糊的信息,但有时也会歪曲信息,"听"到了想听的而非真实的信息。飞行员和空中交通管制员克服这个坏处的有效办法是再次询问核对。飞行员和管制员都需要警惕听到他们所期望听到的信息(这也是很难发现复诵错误的原因之一),并且要核实他们所听到的和他们想听到的信息之间的重大差异。

② 发音混淆。特别在信噪比不好或噪声环境下,应避免用相似音的字母或数字,如 S 和 F、M 和 N、T 和 P 等。强调发音类似的呼号之间的差别也有利于减少混淆。当有其他飞行员都等着放行指令时,这一点尤其重要。这类错误现象比较常见。

例如,在某区域管制工作中,曾经发生过呼号为长安 201、四川 201、上海 201、国航 1201 等四个航班同时出现在管制波道中,管制员本意指挥四川 201 航班下降高度,而上海 201 航班却从波道出来复诵管制指令。幸亏协调岗位管制员及时提醒,才未造成严重后果。

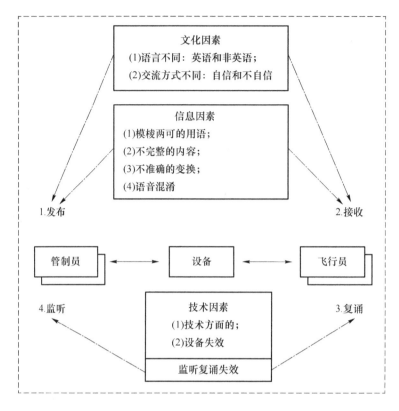

图 5 - 2　语音通信过程模型

又如,航班号相同或相近的航班同时存在,如 CSN333/4 与 CWU333/4,CSN335/6、CWU335/6、CSC335/6、CXN4349 与 CYH4349/50 等,都比较容易造成管制员口误。

③ 普通话不标准。中国幅员辽阔,方言众多,免不了普通话带有地方特色,或吐字不清,或语调不对。这不仅妨碍交流,还可能影响飞行安全。

例如,中国广东地区对一些字的读音和发音与普通话有区别,如主力与阻力、支援与资源、造就与照旧、春装与村庄、桑叶与商业等。

④ 通话语言不标准、不规范。主要表现有词不达意,词不尽意。

例如,本意是让"飞机下降高度到 2 100 m,2 100 m 过 A 点并且在 A 点报告",但管制员的指令往往是"下降到 2 100 m A 点报告",这样用语通常会让飞行员理解为"下降到 2 100 m"和"A 点报告"两个指令,而忽略了"过 A 点高度为 2 100 m"的限制。

⑤ 概念不清,如"程序转弯"理解为按照程序进行转弯。

例如,20 世纪 90 年代初,一架 MD82 飞机在某地着陆时,机场下雪有雾,能见度差。由于机组对管制员报告的"机场场面气压 947 hPa,高度表拨正值 1 024 hPa"的概念不清,造成旅客8 人、机组 4 人死亡的空难事故。

⑥ 用语不全,例如,在初次联系时,省略自呼现象。

⑦ 滥用术语,例如,"程序管制使用雷达管制"用语。

⑧ 杜撰概念,例如,"短着陆"。

⑨ 不同国籍的口音。

2. 如何改善语音的可理解性

① 使用清晰度高的设备。为保证语音的可理解性,一定要用清晰度高的设备。对于像麦克风和耳机等通信设备,即使其质量问题(如话语迟滞)非常轻微,也必须及时更换。

② 使用标准措辞和讲话技巧。良好的设备,加上清楚、深思熟虑地讲话可以改善语音的可理解性。将用语限制在一个小的范围内,也可有助于语音的理解。在设计语音告警时,尤其应注意这一点。不同的信息的数目越少,越容易分辨。

③ 使用完整的陆空通话过程。该过程由"说—听和理解—复诵—听和判断—更正"五个环节组成,如图 5-3 所示。管制员"说",飞行员"听和理解",并"复诵"收到的内容,管制员"听和判断"复诵内容的正确性和完整性,并进行"更正"。在实际工作中,严格完整的陆空通话过程可以有效地防止口误或错听的危险后果。

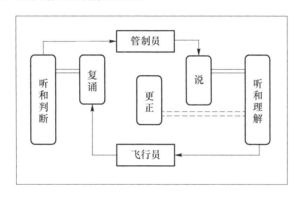

图 5-3 完整的陆空通话过程

2000 年 3 月 24 日,发生在某区域管制室的严重差错就是一个典型的案例。当时,值班管制员为调配飞行冲突,指挥国航 109 航班下降 S0960,发送的管制指令为"国航 109,下降到 S0960,尽快通过 S1020",但飞行员复诵的指令为"下降到 S0900,尽快通过 S1020"。此时,由于管制员注意力分散,没有判断出飞行员复诵的指令与其发出指令的差异,盲目地回答"对的",结果导致国航 109 航班穿越 S0960 继续下降,造成一起小于规定间隔的飞行冲突。另一个案例是,2000 年 6 月 9 日发生在某区域管制室的小于管制间隔事件。当时西北 2325 航班高度 S1140 正进入该区域,相邻某区域管制室向其移交了高度同样是 S1140 的 AAR348 航班动态,当西北 2325 航班进入该区域后,值班管制员意识到两架航空器的潜在冲突,指挥西北 2325 航班保持 S1020 过芷江报告,而飞行员的复诵却为"保持 S1140,芷江报告",管制员没有监听飞行员的错误复诵,直接在西北 2325 航班的进程单上填写"S1020 保持"的标记,从而导致西北 2325 航班与 AAR348 航班小于间隔事件。两个案例有力地说明了管制员判断飞行员复诵的指令与其发送的指令是否一致这个反馈环节的重要性,只有该反馈环节正常工作,才能保证系统安全稳定。

5.1.6 良好通信的特征

标准的管制用语是保证飞行安全的关键,良好的管制技能和知识储备是预防不规范的管制用语的基础。管制员通话过程中必须注意以下方面。

① 飞行通话用语必须规范化。规范化是指管制工作中管制员要严格使用标准通话用语，不要随便创造通话用语，克服讲话带有随意性的习惯，养成高度注意语言细微差别的习惯。如果通话中机组使用了非标准用语，管制员应使用标准用语证实，确保不会造成误解。

② 飞行通话用语必须明确。通话用语所表达的意思是唯一的，是则是，非则非，决不能含混不清，模棱两可，只能有一种理解。要确保陆空通话用语的明确，除了采用标准术语外，其他一些普通的词汇，一旦用于陆空通话，也要求其语义单一，不产生歧义。

③ 飞行通话用语必须简洁。简洁是指简明扼要，不说废话，能用一句话说明问题的，决不用两句话；能用一个字表达意思的，决不用两个字。但通话用语一定要防止简而不明，简而不知所云。

④ 进一步加强语言的表达能力和理解能力。管制员加强对标准用语的学习，学会紧急处置情况下的语言表达，并注意其严密性和完整性。同时，要加强理解能力，当与机组语言沟通出现障碍时，学会从多种角度，多种思维方式去理解对方。

⑤ 清楚、深思熟虑地讲话可以改善语音的可理解性。管制员通话时注意语速平缓，声音清晰，信息传送之间应有充分的时间停顿，以便每一信息得到充分的理解，对容易产生误听的词汇要重复强调，同时尽量避免使用易混淆的词语。听话人对语音的理解力随语速而变，要选好语速。

5.1.7　通信中的误区

随着飞行量的增多，空中交通日趋繁忙。在实际工作中，经常遇到相同或相近的航班号，由于管制员误发指令，飞行员听错指令或复述错指令而发生飞行冲突事件，所以复诵与监听在通话过程中极其重要。作为一个管制员，只有具备过硬的管制理论知识和实践知识，并不断地提高和更新，才能在管制工作中驾轻就熟，才能使自己和他人的安全建立在正确的通信基础上。

① 非放行许可高度。空管人员一定要提高自身的洞察力，因为飞行员所截获的是提议的目标高度而非到那个高度的放行指令。例如，非放行许可高度可能是管制员飞行高度咨询信号。

② 预测与判断。空管人员应事先预测到什么方面可能出现混乱现象，以便发送注意类的呼号警戒报文。当对出现混乱现象警告时，飞行员一定要认真听清他们的通信信息。

③ 数量。管制员一定要减少每次传送的数量。例如，管制员不能在同一传送过程中，同时发出高度、方向、高度表等多个信息。如果项目太多的话，机组人员很忙时就不能一一给予答复。

④ "魔术"数字。飞行员和管制员在使用容易混淆的"魔术"数字时，一定要加强复诵意识。尤其是在使用 10 000 和 11 000，FL200 和 FL220 这类数字时更要小心。

5.2　团队与领导工作

5.2.1　人际关系

人际关系是指社会人群中因交往而构成的相互联系的社会关系，属于社会学的范畴。也就是人们常说的人与人交往关系的总称，又称"人际交往"，包括亲属关系、朋友关系、学友（同学）关系、师生关系、雇佣关系、战友关系、同事及领导与被领导关系等。这里只介绍同事之间和员工与领导之间的关系。

人是社会动物，每个个体均有其独特的思想、背景、态度、个性、行为模式及价值观，因而人际关系对每个人的工作有很大的影响，甚至对组织气氛、组织沟通、组织运作、组织效率及个人与组织之关系均有极大的影响。

1. 人际关系理论

梅约（George Elton Meyo，1880—1949），原籍澳大利亚的美国行为科学家，人际关系理论的创始人，美国艺术与科学院院士，在美国西方电气公司霍桑工厂进行长达九年的实验研究——霍桑实验，提出了人际关系理论。人际关系理论的主要观点如下。

① 工人是"社会人"，而不是"经济人"。梅约认为，人的行为并不单纯出自追求金钱的动机，还有社会方面的、心理方面的需要，即追求人与人之间的友情、安全感、归属感和受人尊敬需要等，而后者更为重要。因此，合理的组织与管理不能单纯从技术和物质条件着眼，而必须先从社会心理方面考虑。

② 将传统管理以"事"为中心转变为以"人"为中心。企业中除了存在着古典管理理论所研究的，为了实现企业目标而明确规定各成员相互关系和职责范围的正式组织之外，还存在着非正式组织。这种非正式组织的作用在于维护其成员的共同利益，使之免受其内部个别成员的疏忽或外部人员的干涉而造成的损失。为此，非正式组织中有自己的核心人物和领袖，有大家共同遵循的观念、价值标准、行为准则和道德规范等。

梅约指出，非正式组织与正式组织有重大差别。在正式组织中，以效率逻辑为其行为规范；而在非正式组织中，则以感情逻辑为其行为规范。如果管理人员只是根据效率逻辑来管理，而忽略工人的感情逻辑，必然会引起冲突，影响企业生产率的提高和目标的实现。因此，管理当局必须重视非正式组织的作用，注意在正式组织的效率逻辑与非正式组织的感情逻辑之间保持平衡，以便管理人员与工人之间能够充分协作。

③ 新的领导能力从满足工人物质需求转变为精神需求。在决定劳动生产率的诸因素中，置于首位的因素是工人的满意度，其次是生产条件、工资。职工的满意度越高，其士气就越高，从而生产效率也就越高。高的满意度不仅包括物质需求，还有精神需求。

2. 人际关系理论在空中交通管制中的应用

（1）加强"以人为本"的管理理念，重视员工的情感活动

空管领导工作要以人为管理的出发点，体现对员工的理解、尊重、关心、爱护，树立以人为中心的理念，充分重视员工在空中交通管制运行过程中的地位，充分调动其工作积极性，改善内部和外部人际关系，凝聚智慧，激发潜能，同时提升员工技能，促进个体的发展，以达到有效管理的目的。

（2）应用新的管理技能，给集体注入生机

空管领导者具备人际交往能力和对员工进行诊断的技能。这就要求领导者要对员工进行咨询、激励、引导和信息交流，可以进一步完善领导的职能。同时，员工应有机会抒发自己的意见和建议，这就要求管理不仅是自上而下的，而且要有自下而上的反馈。纵向的交流，加之员

工的士气,整个集体才会充满生机和活力。

（3）加强空管班组建设,提升空中交通管制精神文明建设

领导要加强空管班组建设,构建丰富多彩的空中交通管制文化生活,促进空管精神文明建设,努力构建具有新时代民航强国建设与"四强空管"建设的空管班组和空管精神文明。良好的空管班组人际关系和空中交通管制精神文明建设,有助于建立提高空管班组成员之间的沟通和交流,创建和谐、健康、文明、活泼的空管团队,以及互帮互助、荣辱与共、行动规范、保障有力的空管精神文明氛围,从而更好地保障空管安全运行和安全生产。

3. 人际关系的影响因素

（1）交往距离

距离接近与交往关系有着密切的联系。第一,距离接近能够增加熟悉感,而相互熟悉了解是建立密切关系的前提;第二,距离接近容易寻找到共同的话题、兴趣和观念等;第三,彼此之间距离接近,可以使人消除羞怯感,容易产生沟通;第四,距离接近容易在彼此之间达成认知上的一致。可见,距离越接近,彼此接触的机会越多,相互依赖、相互帮助的关系越紧密,就越容易形成密切的人际关系。

（2）交往频率

交往频率也是影响人际关系好坏的一个重要因素。交往频率是指人们相互接触次数的多少。人们的关系需要常常沟通,在沟通中找到相互了解的途径。一般来说,交往的频率越多,接触机会也就多,有助于相互之间真正了解和理解,更便于建立良好的人际关系,对于那些"老死不相往来"的人,良好的人际关系就难以建立。当然,交往频率也并非越多越好,俗话说,"久住令人贱,频来亲也疏。"交往频率要保持合适的度。

（3）交往的相似性

根据社会心理学的有关研究,交往的双方如果有较多类似的地方,那么相互之间的吸引就容易产生,同时,也会促进其人际关系的进一步发展。第一,一般情况下人们都希望自己在态度上与大多数人保持一致,从而使内心获得一种稳定的感觉;第二,交往的相似性,是使我们的预期目的实现的关键,因为在一个与自己相似或类似的团体中活动,阻力比较小,活动容易进行;第三,类似的东西常作为一个同一体而感知,从而使自己与其他类似的人组成一个团体。

交往的相似性包括交往双方的年龄、性格、地位、家庭背景、能力、观点、态度、行为、爱好等,以及民族、文化、社会经历、价值观等方面所具有的共同特点。交往双方具有其中某一方面或某几方面的相似性,对所交流的信息有相同或相似的理解,有相同的情绪体验,思想感情相近或引起共鸣,就比较容易相互吸引并产生密切的关系。

（4）交往的互补性

在现实生活中有一种现象,性格不同的人,他们的友谊比性格相似的人更牢固,比如脾气暴躁的人和脾气温和的人、主动型和被动型的人都可以成为好朋友。这是为什么呢？因为每个人都有从对方获得自己所缺乏的东西的需要,这就是社交的互补性。具体来说,互补性就是指在需要、兴趣、气质、性格等方面存在差异的人,可以在活动中产生相互吸引的关系。它是以双方都得到满足为前提的,正是有了互补性,社会生活才更加丰富,充满着生机。团队成员之间以满足各自的某种需要为前提进行交往,也能因互补作用而满足各自的需要,由此产生吸引

力,建立和谐的人际关系。

（5）知识与能力

在人际交往理论中,有一个很有道理的说法,就是"让人与你交往很值得"。这就要求你有一些让人"值得交往"的东西,人们才会与你交往,其中"值得的东西"就是知识和能力。事实上,那些有才能、有智慧、有所成就的人,其交往的朋友比那些没有能力、不聪明、无成就的人更多,且社交范围更广。有丰富的专业知识和特长,又有很强的工作技能的人,可以给人智慧和帮助,且言谈举止让人赏心悦目,对团队中的其他成员有较强的吸引力,产生敬佩感,从而愿意接近他。

（6）个人形象

个人形象包括容貌、衣着、体态、风度等仪表仪态。心理学家在研究中发现,外表漂亮者在社交情境中占上风,容易引起异性的注意和喜爱,交际较广而且容易成功。同时,容貌漂亮的人也比较容易说服和影响他人。尽管大家都知道以貌取人是一种偏见,也都认为人不可貌相,但实际上,人们还是在不知不觉中受它的影响。一般说来,在社交之初,容貌的因素较大,随着相互认识的加深,容貌的作用则不断降低。也就是说,在实际的社交和人际关系发展的过程中,个人形象的作用是有限的,由于第一印象的作用,个人形象在人与人之间的初步交往中显得特别重要;随着交往的深入,个人形象因素的作用越来越小,吸引力逐渐由外部仪表特征转向内部道德品质和个性特征。

上述各种因素对工作中的人际关系都会产生不同的影响。

4. 良好的人际关系的建立

同事之间的人际关系是在一种共同的职业工作中形成的相互依存的关系。工作中人际关系的好坏直接影响人们的工作情绪和积极性,影响团队效能的发挥和个人身心的成长。因此,必须在工作中遵循一定的人际关系的基本原则,排除影响团队中人际关系发展的障碍,并对人际关系中产生的矛盾进行及时调节,以确保工作目标的顺利实现。

（1）与人为善,友好相处

与人为善是发展良好人际关系的基础,友好相处是建立良好同事关系的起点。如果同事间一开始就没有与人为善、友好相处的愿望,那么在工作中就会回避交往,冷漠相处,甚至敌视。

（2）严于律己,宽以待人

"金无足赤,人无完人",与同事相处,先要学会严格要求自己,宽容他人的弱点和不足。只有这样,人们才可能建立进一步的关系。相反,苛求别人,鄙视、诋毁别人,这将会影响和谐的同事关系,甚至会受到他人的冷漠和排斥。

（3）保留意见,调解冲突

在团队工作中,成员之间因意见分歧和某些误会产生冲突在所难免,一旦发生冲突,双方应冷静克制,努力将冲突限制在最小范围内。比如,以商量的口气提出自己的意见和建议,避免使用生硬和否定性措辞;对同事的错误进行批评要真诚、坦白,注意方式;学会认真、耐心地倾听对方的意见,并适当地给予赞同;学会原谅同事的过错,包括曾伤害过自己的同事;有理不要过分盛气凌人,理亏更不要强词夺理;站在同事的角度考虑问题等调解冲突方法。

（4）以诚待人，尊重他人

真诚是人际交往过程中非常重要的一点。对朋友、同事说谎会失去朋友、同事的信任，使朋友、同事不再相信你，这是你最大的损失。真诚并不意味着一定要指出别人的缺点，但真诚一定意味着不恭维别人的缺点。需注意的是，在指出别人缺点时，要注意方式，以免伤害对方的自尊心。以诚待人，尊重他人必然能换来他人的尊重和真诚相待。

（5）适应环境，不抱怨他人

适应工作环境，不要在杂事上花太多精力，要维护好同事间的关系。不要每天炫耀自己，否则别人将会对你感到乏味。对同事工作不满意时，不要抱怨他人，否则容易产生同事间的矛盾。自己做的事没成功时，要勇于承认自己的不足，并努力把事情做圆满，抱怨会使自己丧失信心。适度地检讨自己，并不会使人看轻你，相反，总强调客观原因，不停抱怨，只会使别人轻视你。

要把自己培养成一个真诚、热情、友好的人，就要注意以上内容，避免虚伪、自私自利、不尊重他人、苛求于人的行为发生，也不能怀有报复心、妒忌心、猜疑心，更不能过分自卑、孤僻固执或者傲慢恃才，否则会不受人欢迎，影响个人人际关系的发展。

5.2.2　团队工作

团队是由员工个体和领导者个体组成的共同体，这个共同体能够集中每个个体的知识、智慧和技能优势，促进个体之间的高度互补与工作协调，并形成团队优势，解决问题，实现共同目标。

1. 团队工作的目标

团队工作的目标是致力于提高工作质量。一个团队工作将会被指派去承担某个特定的任务，团队作为一个整体应该能够去实践共同的智慧，从而确定怎样去执行这个特定的任务。明确具体的目标能增进团队内部清晰的沟通和建设性的碰撞，并能激励团队成员把个人目标升华到团队目标，将各成员凝聚在一起。所以说，这里的目标既有团队的大目标即团队要达到的目的，也有个人发展的或想要实现的小目标。最重要的是要把个人或部门的发展和团队的大目标良好整合，即在完成个人或部门的小目标的同时，实现团队目标的达成。

团队工作是组织的一种形式，承担的不仅仅是个人的责任，还有成员相互间的责任。一项工作有效地进行，需要团队工作为它提供很大的利益。从一个广义的角度来说，团队工作可代表高绩效，能够获取一个出色组织的知识信息，能够培育创新的环境，最终为组织获得具有竞争力的优势。

2. 团队的资源

团队工作可以把多种技能、经验和知识联合在一起，会激励团队成员的奉献精神，重视他人的兴趣和成就，最重要的是，会激发团队成员的热情。团队成员所拥有的资源肯定是有限的，但团队可调动资源有很多。资源有限，创意无限，这才是团队面对有限资源的正确态度。首先要分析本团队开展工作有多少资源，其次再分析每种资源各有哪些特点，有哪些优缺点，这样做的目的是在接下来的工作中使各种资源都能得到高效地利用，并能得到正确地结合利用，使之发挥最大效能。

3. 团队的影响因素

① 团队情绪。情绪是一种心理活动,是人们采取某种行动的驱动力。塑造和谐的团队气氛,不仅取决于每个成员的情绪智慧,更重要的是取决于团队成员的整体情绪水平。团队整体情绪水平是促进团队发展、优化团队整体绩效的根本途径。

② 团队规范。规范是群体成员共同接受和遵守的行为准则。团队规范强调以任务为核心,确保团队出色地完成任务。它是通过最少的外部控制来影响团队行为的手段,是最终团队文化的基础。它不仅用一种无形的压力来约束成员的行为,而且可以激励有益的行为使团队健康地发展。

③ 团队精神。团队精神是团队成员为了团队的利益和目标而相互协作尽心尽力的作风,主要表现为高度的使命感、责任感,成员间的彼此宽容、信任、互助及整体公开公平的氛围。团队精神是工作管理中的软因素,是进行团队建设、提高团队绩效的重要手段。

4. 团队工作在空中交通管制中的作用

(1) 优势互补

系统的功能是由组织效应决定的,但其整体功能不等于诸要素功能的简单相加,而是通过要素间的相互联系和相互作用可以产生功能放大或缩小。空中交通管制中个体的优势互补会给整个空中交通管制团队带来更高的效率。

(2) 信息共享

信息共享可以促进知识的发展和利用,从而使工作的效率更高。信息共享的基础是空中交通管制中每个成员之间要相互信任、坦诚沟通,形成良好的团队内部环境。信任是组织生命产生奇迹的因素,是一种减少摩擦的润滑油。

(3) 合作与竞争

团队的发展基于团队成员间的有效合作,合作的基础是双方的相互信任和互利。这是一种双方相互依赖的联合行动。个体能彼此合作分担团队的共同目标,每个人都对整体负责,而不仅仅是对自己的一小部分负责,使团队效用最大化。合作与竞争是团队精神的真正内涵,是发挥团队最大效用的必要条件。

5.2.3　领　导

《管理学基础》中对领导的解释如下:领导是以实践中心展开的,由拘役社会系统中的领导主体,根据领导环境和领导客体的实际情况确定本系统的目标和任务,通过示范、说服、命令、竞争和合作等途径获取和动用各种资源,引导和规范领导客体,实现既定目标,完成共同事业的强效社会工具和行为互动过程。

"大海航行靠舵手",团队工作同样需要领导。领导者即一个团队的指挥者,是团队的组织者,也是团队的决策者。领导者的优势不是权力,而是比员工拥有更多的信息、资源和人格魅力等。

1. 领导素质

作为领导者,个人首先要具备领导素质。领导素质的特点是由领导者所担负的领导工作的性质、职能、所处的地位、环境条件及个人的先天因素等决定的。这些情况千差万别,所以领导素质具有不同的特点,概括起来有如下特性。

(1) 时代性

不同社会、不同历史时期的领导者,在其成长的过程中,必然要受到所处时代的政治、经济、文化和科学技术发展状况的影响。因而,在素质方面会打上时代的烙印,具有一定的时代性。领导素质是在一定的环境下培养出来的,而不断发展变化的环境对领导素质又提出了更新更高的要求。所以,客观环境决定领导素质,领导素质必须适应客观环境。时代在发展,事业在前进,领导素质在更新,领导素质的时代特色是十分鲜明的。领导者只有具备符合时代特色的领导素质,才能有效地实施科学领导。

(2) 实践性

任何一位卓越的领导者都不是天生的,都是在实践中经过锻炼而逐步成长起来的。实践可以使先天生理因素好的领导者,锦上添花,迅速提高素质;可以使先天生理因素差的领导者,加倍努力,逐步提高素质。

(3) 综合性

领导者的素质,都不是单一要素构成的,而是由多种要素组合而成的素质系统,具有很强的综合性特点。

① 扎实的学习功底。人要有学无止境,活到老学到老,不断更新知识,博采众长,汇万川之水的学习精神。领导者要把学习作为人生的第一需要,要活到老学到老,孜孜不倦,永不停息,因为只有不断学习,才能永远站在时代的前列。

② 不断超越的创新精神。创新就是人不断超越,永远进取,永不安于现状。创新包括理论创新、机制创新、科技创新、管理创新。在瞬息万变的市场竞争中,只有不断创新,才能更好地生存与发展。领导者要善于创造一个新的环境,塑造一种新的精神,从而激发广大干部和群众的创造力,立于不败之地。

③ 知人善任的驾驭能力。领导者的基本职能就是识人用人,既要"知人",更要"善任"。遇到人才而不识才,势必丢才;有了人才而不会用才,势必屈才。领导者必须善于发现每个人的长处并用其所长,使其尽职尽能。

④ 信守诺言。作为一个决策者,领导者决不能对任何人承诺办不到的事情,同时,要言行一致,对自己所采取的每一个行动、所作出的每一个决定都负责到底;要以自己的实践带动下属,培养他们的责任感;将下属必须达到的目标清楚地告诉他们,同时,引导他们客观评估自己的表现。

⑤ 营造氛围,提高士气。领导者要以自己的集体为荣,满腔热忱地对待自己的工作,并以自己的热情带动员工,引导他们各施其才;要善于引发内部竞争机制,激发员工的活力。一个热忱的人会很快乐地工作,能辐射出一种健康的心态,散布到周围的人身上,使其他人也变成更有效率的工作者。

⑥ 寻找和提高团队成员能力与士气的因素。对团队成员而言,一个有价值的远景应符合两个要求:一是符合他们的价值观,二是具有挑战性。远景是团队成员热切希望的方向,目标是实现远景的步骤,远景应该具有伸展性、众望所归等特性。团队的远景是否有意义,取决于它与团队成员共同价值观的吻合程度。团队领导者应反复强调团队的远景,让员工了解他们的价值并引起共鸣。挑战性的远景对团队成员来说十分重要,因为这意味着对他们的知识和

专业技能的尊重,但要注意与团队成员的能力相匹配。

⑦ 有效沟通。领导者要善于与下属沟通,不沟通或沟通不好往往会产生谣言和误解。

2. 领导在团队中的作用

(1)目标的确定者

团队领导最重要的作用是确定团队的工作目标。团队领导将团队的目标传达到团队中的每个成员,确认每个成员确实理解了团队目标,并与每个成员的个人目标相一致,使团队成员愉快地接受团队的目标,从而调动下属的工作积极性。

(2)凝聚力的缔造者

一位有凝聚力的团队领袖对组织成员来说至关重要。一个优秀的团队工作是领导者通过影响力而不是权力实现的。有影响力的领导者能够培养团队成员之间的信任和相互尊重,能够将团队成员变成追随者,从而成为真正有魅力的团队领导。人际关系是团队凝聚力的基础,良好的人际关系是团结的象征,团队内人际关系状态充分反映团队的生机和士气。团队领导应该让团队中的每一个人都意识到自己是团队中的一分子,意识到其他人的存在。这就要求团队成员之间在信息、思想、感情、态度等方面的交流既公开又频繁,互相了解和信任,互相爱护与帮助,相互理解与影响,并在工作中使每个人的交往、自尊等心理得到满足。

(3)矛盾的调解者

团队成员间的人际冲突是团体内部经常发生的现象。作为领导者,处理协调好团队成员间的人际冲突是其重要的工作之一,如果处理不当,会弄巧成拙,激化矛盾。因此,领导者在团队内部出现矛盾时必须及时有效地进行调解和帮助,冷静公正,不偏不倚,折中调和,息事宁人,注意给冲突双方设立台阶,既保面子,也暗示问题。此外,创造轻松气氛和依照规章制度办事,是解决冲突的基本原则。只要按章办事,有法可依,领导者仲裁冲突的权威性、公正性自然就会确立。有很多冲突只要按制度晓以利害,无须过多口舌就能解决。

(4)公平的衡量者

团队公平是团队工作管理的基石。团队公平包括程序公平、分配公平、互动公平,与团队成员的满意度呈正相关关系。从资源配置的角度看,团队公平讲究的是合适的人在合适的时间做合适的事情。在团队管理中,职责分工并进行相对应的利益分配是团队建设的基本要求。如果某一成员认为其他成员在同样岗位上选择职责过多,劳动强度过大,而利益收获不足,那么该成员的职责缺失或工作缺位就会妨害团队优势的形成,甚至团队目标的完成。团队领导必须认真做到程序公平、分配公平、互动公平。团队成员只有在自己认为是公平的环境和氛围中,才能发挥最大的效能。

(5)工作的监督者和规划者

领导在团队工作中往往不是要做具体的事情的,最关键的作用是对团队成员工作的监督,同时要为团队的发展作战略性的规划,能从更高层面上思考团队的发展动向。一方面,领导要制定完备而合理的规章制度,这是团队正常运行的保证;另一方面,领导需要有效授权,让下属有充分发挥自己能力的机会。"领导要干自己的事,不干别人能干的事",这是现代领导方法的基本原则。切忌,领导把所有的资源占为己有,以为自己能做好所有的事情,毕竟个人的时间和精力有限。

5.3 班组资源管理

空中交通管制与班组资源管理研究的内容虽然也是人与人、人与团队之间的关系,但其却是空中交通管制人—人界面的重中之重,也是近年来影响民航安全的重要因素之一,故单独介绍。

随着民航事业的迅猛发展,空中交通管制早已脱离管制员单打独斗的状态,必须由班组(即团队)的集体行为来完成。目前,世界上最大的空中交通管制中心已发展到数十个扇区,上百名管制员同时工作。在中国,北京、上海、广州等区管中心也开辟了数十个扇区,几十名管制员组成一个班组,实施对空指挥。即使是飞行量较小的管制单位,也至少有两名管制员在岗指挥。

民航空中交通管制业要加快发展步伐,综合提高空中交通管制能力和空中交通管制水平,以高质量和高效的空中交通管制迎接种种压力和挑战,关键是要优先挖掘从业人员潜力,发挥人员的内动力。工作班组的资源管理更是其重要的组成部分。班组虽然单位小,级别低,却与安全息息相关。保证空地安全,发挥空中交通管制人员的个人能动性很重要,但更要发挥班组的整体和系统功能。

5.3.1 空中交通管制班组资源管理的发展现状

1. 美国空中交通管制班组资源管理的研究

班组资源管理是在 30 年前美国驾驶舱资源管理的基础上发展而来的。驾驶舱资源管理的主要目标是通过提高机组成员和驾驶舱通信即驾驶舱管理来保证航空安全。后来,驾驶舱资源管理发展不限于驾驶舱管理,还包括飞机上的所有机组成员的机组资源管理。在有些航空公司,还把机组资源管理拓展到整个公司。

不久,空中交通管制专业人士也意识到空中交通管制面临着同样的问题,通信设备的低端,人员较差的工作表现及行为的差错不仅发生在飞机上,在空中交通管制工作中也同样出现,造成事件、事故或事故征候的发生。班组资源管理的发展是在 20 世纪 90 年代第一次提出提高班组效率,降低班组中出现的差错。

2. 欧洲空中交通管制班组资源管理的研究

尽管班组资源管理的发展还处于一个新生阶段,但是许多国家和地区都已经意识到了班组资源管理的重要性。图 5-4 所示是欧洲班组资源管理开设的培训课程。图 5-5 所示是欧洲班组资源管理操作的原理。

3. 空中交通管制班组资源管理的研究现状

近十年来,人为因素的研究已扩大到空中交通管制、维修和签派等所有航空运行领域。在空中交通管制领域,除对管制员的感知、注意、信息处理、判断决策等方面有较深入的研究和广泛应用外,在管制员的班组资源管理方面,1994 年以来欧洲已做了大量的深入研究,建立和开发实施了班组资源管理指南及基于该指南的训练课程。目前,国外先进的空中交通管制部门已设立比较全面的人为因素培训科目,其中就涵盖了空中交通管制班组人力资源管理的诸多

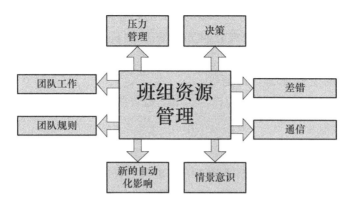

图 5-4　欧洲班组资源管理开设的培训课程

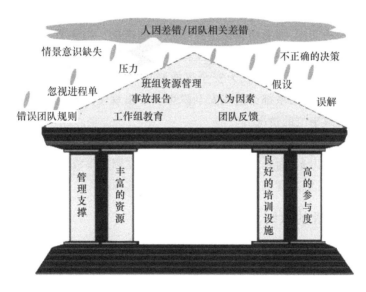

图 5-5　欧洲班组资源管理操作的原理

方面内容,例如,欧洲空中交通协调整合计划(European Air Traffic Control Harmonization and Integration Program,EATCHIP)把组织文化、团队技巧、激励、领导和交流等人力资源管理的概念引入管制员的班组资源管理中。

空中交通管制班组资源管理在中国空中交通管制的起步较晚,理论和实践基础薄弱,方法手段都还处于非常粗放的层面上。同时,它也表示该领域还有广阔的研究前景。中国空中交通管制不少业内人士已经开始对空中交通管制班组资源管理进行一些理论探讨,将普遍被接受和认可的理论进行有序实践,这就是“双岗制”。

空中交通管制中人为因素的研究范围基本已经达成共识,主要涉及以下五个方面。

① 管制员与硬件的关系。研究管制员与硬件(如操纵器、显示器)之间的相互适应问题,研究硬件怎样设计才符合管制员的特点,研究管制员怎样操纵硬件才能保障安全。

② 管制员与软件的关系。研究合理的管制程序、应急程序及标准陆空通话用语等方面内容,以便简化管制工作,减小管制员的工作负荷,不易使管制员出错。

③ 管制员与环境的关系。探索特定工作环境对管制员的影响,研究管制员对特定环境的

适应过程和适应规律,以便促进管制员—环境界面的相容。

④ 管制员与其他人的关系。研究管制员之间,管制员与飞行员之间的人际关系,研究个体之间的交流和班组之间的交流。

⑤ 管制员个体的生理、心理学问题等。

所以,空中交通管制班组资源管理旨在空中交通管制人为因素研究范围中分析人力资源合理分配的问题。

4. 目前空中交通管制班组中出现的问题

① 班组间的人员变动比较频繁,不利于一个班组的管制员熟悉彼此管制风格。管制工作需要一个扇区的主副班管制员非常默契地配合,很多单位忽略管制工作的这一要求,致使由于主副班间的不协调造成飞行冲突的问题。

② 排班中技术力量搭配不合理。由于有执照的管制员人员紧张,一些空中交通管制单位在排班时只注重人手的安排,而忽略排班中技术力量的搭配。由于管制员技术力量搭配不合理,配合不默契造成飞行冲突的现象在管制工作中屡见不鲜。

③ 排班中人际关系处理不当,成为安全事故隐患。在排班中没有注意非正式组织的关系,过于紧张和宽松的人际关系都会造成安全隐患。曾出现主副班管制员在飞机较少的情况下聊天、睡觉,险些造成事故的情况。

④ 领导对科学配置班组人力资源的重要性认识不够。因人力资源配置不当引起的安全隐患一般不会直接表现出来,而是通过其他形式表现。在调查事故的原因时,领导只是简单追查表面的个人问题,没有触及管理方面(包括班组配置)的原因。

5.3.2 班组资源管理的原则

1. 班组人员应相对固定,工作岗位和主副班搭配不固定

（1）班组人员应相对固定

班组人员应相对固定是管制员熟悉彼此管制风格的需要。班组人员相对固定可以增进彼此间的交流。班组成员间的交流是良好合作的基础。同一班组中的管制员是通过视觉、语言和肢体方式进行交流的,一个眼神,一个手势,往往就能明白对方的意图。

（2）同班组中工作岗位不固定

在空中交通管理中,团队成员的角色是由他的工作物理位置(坐在哪)决定的。在一个大的管制空域内,空域在平面上被分割为若干个扇区,每个扇区设置固定的管制席位,即管制员坐在哪里,明确他对哪个扇区的管制任务。每个扇区的航路特点不同,繁忙程度也不一样。如果长期在某一个扇区工作的人被调配到其他扇区工作,就必须先有一个适应期,这样不利于人才的培养。

此外,为使管制员保持足够的注意力和警觉,平均工作负荷的强度最好保持在中等的程度,也就是说在繁忙和不繁忙的扇区间轮换工作。如果管制员长期在不繁忙的扇区工作,在处于低负荷工作强度时,管制员感受到的工作压力可能下降到只要保持足够的注意力和警觉的最低要求就可以。持续一段时间的低工作强度的工作将减弱管制员抗高强度指挥的能力。长时间的高负荷工作会导致工作差错,并对管制员的身体和精神造成伤害。所以,在不同扇区进行管制指挥可以使工作富于变化,提高管制员对工作的兴趣。

（3）主副班搭配不固定

管制员的职业是一个相对封闭的职业。由于行业的特殊性，管制员在单位以外的交流很少。他们的作息时间与常人不同，值完夜班第二天休息时，白天还要补充睡眠。他们的休息不分节假日和周六周日，没有与常人共同的休息时间，就很难与外界有更多交往。社交是人的基本需要，如果固定主副班搭配，管制员会陷入一个更小的社交圈。与不同的人合作可以提高对工作的兴趣。此外，由于管制班组相对固定，班组成员一起工作、娱乐、进餐和坐班车，彼此间会有比较好地了解，不存在班组中与多人搭配，因不熟悉而带来的一些弊端。

从另外一个角度来讲，如果固定主副班搭配，主副班间会有更多地了解，有可能会使人际关系变得极端——更好或更差，过于紧张和宽松的人际关系都不利于安全管理。

2. 在班组间和班组中调配不同性格倾向的人群

在一个性格合理搭配的工作班组中，组员间往往能够达到提高工作兴趣，互相取长补短的效果，从而有更好的人际关系和更高的工作绩效。在民航这个行业里，管制员通常被认为是非常有个性和独立的群体。由于管制员在雷达屏幕上看到的是整个空域的情况，而飞行员知道的是局部的情况，所以，管制员必须有控制全局的欲望，在对空指挥中的语言是简练、果断，而富有权威的。像这样独立性非常强、有鲜明个性的人，在班组资源配置的操作过程中要尽量调配这些人到不同的班组。

3. 保证班组间管制水平、工作经验、英语水平、性别的相对平衡

（1）管制水平

管制员管制水平在各班组间的相对平衡在各空中交通管制单位都已达成共识。管制水平包括一个人的实际工作能力，解决复杂问题的能力，工作水平的稳定性，工作态度等。在排班时，只有保证管制水平在各班组间的相对平衡才能减少出错的概率。

（2）工作经验

工作经验在管制行业里是人员配置中非常重要的考虑因素。在管制工作中所采取的许多行动都建立在管制员经验基础之上。管制员利用他们的经验作出适合于特定情境的决策和行动，使解决问题的速度进一步加快，从而能够将他们的注意力更多地投入需要高度重视的问题上；他们丰富的经验和良好的习惯可以熟练操作，减轻工作负荷。同时，管制员经常会遇到一些意想不到的特殊情况，如发动机失效、飞行员迷航、起落架放不下、空中被劫等。一般来讲，工作时间越长，工作经验就越丰富，遇到的特殊情况就越多，碰到问题就越能从容不迫地处置。在每个班组中平衡配置有一定工作经验的同志，将会起到很好的传帮带作用。

（3）英语水平

空中交通管制要求从业人员有很高的专业英语水平。要成为一名有执照的管制员必须经过严格的专业英语考试，尤其是听说能力的测试。管制英语还有一个特点是专业性强，涉及通信、导航、气象、飞行原理等方面的专业知识。一个班组的管制员要求同时在岗时，如果出现特殊情况，管制员对飞行员的英语表述不能完全理解，或不能确切传递相关信息时，需要有英语水平较高的管制员来接替指挥。所以，各个班组平衡分配应该英语水平过硬的管制员。

（4）性别

人们都有这种体验，有异性参加的活动，较之只有同性参加的活动，会感到更愉快，活动的积极性会更高,往往玩得更起劲,干得更出色,这就是心理学上的"异性效应"。当有异性参加活动时,异性间心理接近的需要得到满足,彼此间获得不同程度的愉悦感,激发内在的积极性和创造力。所以,在班组搭配中各个班组尽量平均分配女管制员,这样可以提高工作效率,增加工作情趣。

4. 主副班搭配

主副班搭配时两人的年龄、从业经验、技术水平和职务上梯度不能过于陡峭或过于平坦。在管制岗位的设计中,"双岗制"的目的除分担管制任务之外,一个很重要的方面就是交互监视,起到双保险的作用。主副班之间合理地搭配,可以提高交互监视的效率,副班更好地发挥乘数因子的作用,降低整体事故发生率。但是主副班搭配时两人的年龄、从业经验、技术水平和职务上梯度问题会影响交互监视的效果。

(1)过于陡峭的梯度

在实际工作中,如果和一个年长、技术水平高的领导一起工作,对于新人管制员来说,需要有很大的勇气才能及时发表自己的质疑意见。同时,职务低者在指挥过程中,往往畏畏缩缩,没有自信心,时刻担心出错,心理压力很大,不利于安全指挥。

(2)过于平坦的搭配

与过于陡峭的梯度相反,过于平坦的梯度也会影响交互监视的效果。过于平坦的搭配,双方可能相互挑剔,谁也不服谁,起逆反心理,反其道而行之。对于有相同资历的管制员来说,同年毕业,同时进入民航管制岗位,干同样的工作,而单位给予个人像升迁、海外培训这样的机会是有限的,难免会出现相互间的攀比,互相不服气的现象,不利于安全指挥。

5. 合理调配班组中的人际关系

在调配班组中人际关系时,要注意以下几个方面。

(1)调配非正式组织

非正式组织的产生有两种原因:一是团队的领导故意行为。领导为强化自己的管理职能,通过采用笼络员工的方式培育亲信,增强管理效力,客观上形成非正式组织。二是团队成员在价值观、性格、经历、互补性方面产生某种一致时,产生兴趣或利益的共同体。非正式组织的存在通常被认为是一把双刃剑,对企业发展积极的一面是提高团队精神,调谐人际关系,充分体现人性化管理的优势;不利的一面是降低管理的有效性,员工缺少创新精神。

在一个单位中,往往存在多个非正式组织,由于单位的资源有限,不同非正式组织间因利益的不同存在竞争和矛盾,使得单位的人际关系变得复杂。人们可以在班组搭配上对因非正式组织产生的复杂人际关系进行调配,最大限度降低紧密型非正式组织对单位的不良影响。

(2)调配紧张的人际关系

一个班组内出现人际冲突时,班组成员将不能以一种稳定的情绪状态进行工作,在对工作的判断中容易掺入个人情感,在需要决断时难以及时决断。例如,1993年大韩航空公司在日本发生的一起事故。飞机在着陆过程中,由于气象原因,穿云后未能对准跑道,机组便发生冲突。机长认为可以落地,但副驾驶却认为不能,要求复飞,冲突未能及时有效地解决,机长带着情绪继续操纵飞机落地,导致飞机在未进入跑道前触地,发生事故。所以,班组尤其是主副班的搭配的,要尽量避开有冲突的个体。

（3）调配过于宽松的人际关系

在对管制事故的调查中,发现问题很少是发生在管制高峰期的,因为在高峰期,管制员意识到工作的复杂性,会使自身处于较为兴奋的工作状态,往往能够做到忙而不乱。而在飞行活动相对较少时,管制员注意力容易放松,就有可能产生遗忘和错误。过于宽松的人际关系虽然没有紧张人际关系的危害大,但也会不利于空中交通管制安全指挥。

5.3.3　班组资源管理的目标

班组资源管理是最大程度地利用人力、设备、信息等资源,确保空中交通服务运行的安全、效率的最优化,其最主要的目的是减少空管系统事故或事故征候中因班组出现的差错。

班组资源管理的目标是:

① 降低班组中出现的事故率。

② 降低不可避免的事故的影响。

③ 增强空管班组的稳定性和持续性。

④ 提高人力资源的利用率。

⑤ 提高空管工作的效率。

⑥ 提高空管工作的满意度。

5.3.4　班组资源管理的要求

1. 有效地管理是班组资源管理的重点

班组资源管理侧重现场管理,对空管工作中的人员、设备、时间、信息等资源有效地组织和控制,确保空地安全。事故的发生有其偶然性,但若管理松懈、缺乏机制,偶然性就会发展成必然性,发生只是时间早晚而已。

在空管工作中,人是最活跃、最积极也是最容易发生变化的因素,单靠个人经验和工作热情是远远不够的。班组资源管理通过搞好空中交通管制班组建设,进一步强化以人为本的管理理念,在空中交通管制工作中发挥人的积极因素、主观能动性和主人翁精神,落实各种安全保障措施,把人为差错和机务空管事故率降到最低点。

2. "安全第一"的思想是班组资源管理的根本

在空管工作中,班组长和所有人员必须把保证安全作为头等大事来抓,"严"字当头,以"安全第一"为统帅。没有严格的管理,再好的制度、再好的机制也都只能流于形式。班组长是班组内贯彻执行"安全第一"思想的决策人,要做到严格执行规章制度,严于律己,做下属的表率,通过自身遵纪守法的模范行为,建立"安全第一"的工作氛围。保证安全,人人有责,树立一个优秀的空管人员"安全第一"思想,是需要经过长期不断地对空管人员责任心、职业道德等多方位培养形成的。所以,班组资源管理要建立健全完善的安全教育机制,对人员进行广泛、深入、点面结合、形式多样、长期有序的教育,做到对安全工作常抓不懈,警钟长鸣。

3. "专业技能"是班组资源管理的基础

在空管活动中,空管人员的专业空管技能及相互之间的协同配合是基层管理的基础,也是保证安全的基础。如果专业基础差,不能对专业性问题及时作出快速反应、正确判定、果断处理,或盲目自信、过于乐观,这势必会导致隐患的存在,影响飞行安全。随着大量科技成果在飞机上的应用,空中交通管制技术日趋复杂。自动化虽然减轻人的体力负荷,却对人的知识水平和分析判断能力提出更高的要求,人在安全系统中也越来越处于核心地位。因此,要着力培养具有高业务技术能力的专业人才。

① 严格技术培训。一个合格的空管人员,必须经过系统地学习、严格地训练保证技术素质的完备和扎实。空管人员在维护实践中,应该刻苦钻研业务技术,不断积累和总结经验。在组织分配任务中,班组干部要承认人在某些方面存在着差异和缺陷,根据任务特点、工作环境安排能够胜任的人完成空管任务。

② 团结配合意识。随着民航的快速发展,空管任务越来越繁重,加上飞机的大型化、现代化,使集体观念、团队精神显得十分重要。正是由于人自身的行为对于安全所起的决定性作用,人与人之间的信息交流和整体的相互沟通与协作占据越来越重要地位,成为现代空管活动的重要组成部分。所以,协同配合意识和团结问题是空中交通管制人员除技术因素外必须具备的基本业务素质。

4. 良好的工作作风是班组资源管理的关键

在空管活动中,良好的工作作风是保证飞行安全、完成工作任务的关键。在某种情况下,作风比技术更重要。因为只有良好的工作作风,空管工作才能使人员、设备等资源得到充分的发挥,使飞行安全建立在科学的基础之上。如果没有良好的作风,空管人员在工作中"粗心""随意""马虎"等,会使规章制度不能得到落实,这样人员不能得到充分利用,从而导致事故的发生。

行业标准和规章制度,是空管工作的行为规范和技术操作规范,具有很强的针对性和可操作性,都是经验的总结,甚至是血的教训。作为空中交通管制人员,凡是禁止的东西,是绝对不能动的;凡是警告和提醒的,也应该严格遵守,自觉执行。严谨作风的培养树立,不仅靠行政手段,还要有良好的舆论环境。空中交通管制工作要通过多种形式介绍使员工明白严谨作风的含义和要求,把作风培养和建设作为一件大事来抓,在实际工作中严格执行。

综上所述,空管班组资源管理在保证飞行安全方面任重道远,且大有作为。空管班组资源管理只有通过进一步深入和细化班组资源管理工作,培养空管人吃苦耐劳、勤学苦练的精神和严谨细致、精益求精的作风,真正做到检查工作一丝不苟、空管工作精益求精、安全保障关口前移,才可以把隐患消除在地面,把故障排除在手中,减少和杜绝人为差错,确保飞行安全。

5.3.5 空管班组资源管理的应用

班组资源管理体现了集体的智慧和力量。避免和减少人员差错最有效的办法是组建协调默契的班组。虽然个人会犯错误,但集体的力量、团队和班组的行为可以弥补个人的差错。

1. 实行"双岗制"

按照民航空中交通管制局的要求,为加强岗位值班力量,保证飞行安全,要求空中交通管制岗位要严格执行"双岗制",并明确对"双岗制"的含义为每一管制席位在值班时间内不得少于两名正式管制员。一名负责管制指挥,主要职责是对所辖范围内的空中及地面航空器的管制指挥监督,准确掌握航空器位置,正确调配飞行冲突等;另一名负责管制协调,其主要职责除负责管制移交、协调、通报等工作外,还应负责协调、监督管制员的工作。管制指挥和管制协调是统一的整体,应分工合作、密切配合。

作为安全关口前移的重要手段,"双岗制"实施以来,大大减少了人为差错的发生,有效地保证了飞行安全。在中国民航的管制单位中,同管制员个人关系最密切、影响最大的基本群体就是"双岗制"的两人搭档的班组。人各有所长,不同的管制员,其业务技能、管制经验、调配习惯、工作作风不尽相同。此外,不同的工作岗位的职责范围、工作性质对管制员的素质也有着不同的要求。即使每一位管制员都极其优秀,但如果搭配不合理,造成人员浪费只是一方面,更关键的是可能造成班组成员间的无谓冲突,彼此互相制约,或者是彼此间过于信任,忽视"双岗制"的有关规定,疏于监控,班组作用大打折扣,导致不安全事件的发生。因此,空管资源管理必须科学调配人员、合理搭配班组,真正做到取长补短、优化组合,发挥班组资源的积极作用。

2. 带班主任和班组长的职责

班组的双重管理搭配有利于建立多重安全防护。

带班主任的主要职责偏重于行政思想管理,监督安全工作落实,纠正存在问题,将上级政策性工作及时贯彻于实际工作中。首先,带班主任是生产一线的指挥员,要充分发挥领导作用,根据本班组实际情况,合理安排工作,从而使班组的各项工作有条不紊,飞行中出现的一些特殊情况得到及时地解决。其次,在管理制度的落实上,带班主任要起到组织者与监督者的作用,例如,各种规章制度、行为准则等,越到基层,要处理的各种事也就越繁杂。带班主任在熟悉各种管理制度的基础上,应坚持原则,对本班组的各方面执行情况进行有效地组织和监督。最后,带班主任要关心班组成员,尽全力设法解决本班组成员工作和生活上的问题,成为与本班组成员捆绑在一起的"知心人",从而加强班组的凝聚力和带班主任的号召力。一旦遇到特殊情况时,带班主任也能够组织本班组成员主动、沉着、果断、从容地应对。

班组长的主要职责是合理安排组员搭配,充分掌握当天值班动态;执行各项规章制度,组织好班前、班后讲评,充分发挥组员的思考和决策潜力;处理管制工作中的特殊情况,形成班组内有利于思考和决策的工作气氛;对组员提出的问题总结分析,及时把合理化建议反映给上级领导。班组长除要完成以上职责外,还应具备以下能力。

① 较强的应变能力。在突发情况时班组长能临危不乱,果断处理,避免发生事故。

② 较强的组织及协调能力。在管制过程中,常常遇到空军演练,大规模转场,流量控制,紧急专业飞行等,对异常的管制工作,班组长需作出仔细而周密的布置,合理地安排。如何处理本班组与相邻管制单位及军方的关系也取决于班组长的协调能力。

③ 激励士气的能力。班组长能使成员勤奋工作,在任何情况下使成员都能一如既往工作。

④ 交际能力。班组长应了解成员各个方面,诚实、热情、主动关心组员,民主友善,讲原则而又富人情,能使组员乐于配合其工作。

由此可见,充分发挥带班主任和班组长的组织领导作用对于班组能否正常运转,能否保持高工作效率有重要的作用。空管班组资源管理是在现有的设备、人员和环境的基础上,通过组织、领导和控制管理职能,充分调动管制员工作的积极性、主动性和创造性,挖掘其潜力,最大限度地发挥班组的团队效应,完成管制单位的工作任务。

3. 班组成员的素质培养

管制员的个人素质是空中交通管制安全的基础,也是空管班组资源的基础。班组建设和班组资源管理是降低交通事故率和保证安全的关键。空管班组由管制员组成,其工作有效性直接受制于每一位管制员工作能力的高低。加强管制员队伍建设,加强管制员基本素质培养,提高管制员管制技能,是加强班组资源管理的前提和基础。管制工作具有较大的灵活性,面临的环境较为复杂,这就要求管制员须具备一定的自主性和创造性,以适应复杂多变的工作环境。也就是说,管制员应有较强的自我调节能力以适应变化的情况。

4. 班组成员的搭配

班组中的管制员无论在性格、管制经验、业务技能、工作作风等方面都是不尽相同的,且对信息的获取及情况的判断难免有偏差失误,长时间的工作难免有疏漏,处置特殊情况也难免顾此失彼。只有班组分工合作、协调配合、相互提醒、取长补短、相互弥补,才能发挥班组整体强有力的安全堡垒作用。在工作实践中发现,好的班组能分工合作、协调配合、相互提醒、相互弥补,从而使班组形成多层次安全防护系统;而不好的班组互相冲突、互相制约,即使每个人员都极其优秀,班组仍然十分脆弱。加强对班组成员的合理搭配,可从以下方面入手。

（1）性格互补

每名工作人员都有自己的个性,气质不同,性格也不同。有的性格粗犷,有的温和雅致;有的内向,有的外向;有的急躁冲动、性情激烈,有的处事冷静、不温不火。假如班组成员都是急性子、躁脾气,必然很难相处,就会影响到工作的效率。班组中各成员的性格相互作用,相互影响,有时会相互促进,有时会相互妨碍,互补搭配应是一种较好的配置。

（2）能力互补

不同的人在能力上有各自的特点。有的理论知识扎实,有的特殊情况处置经验丰富。一个智能互补型的班组,有利于人员之间的知识互用,优势能力互补,扬长避短,有利于班组发挥整体效能。

（3）能形成团结的班组气氛

班组成员的搭配,必须事先调查分析,了解人员之间的人际关系,人员搭配在一起后要互相帮助、体贴、关心,能够形成和谐、融洽、宽松、团结、谦和的工作环境。

（4）年龄、性别互补

年龄、性别不同的成员,其身体状况、心理状况、工作资历、人生经历不同,智力、体力、能力、作用也不一样。同年龄段、同性别的人员常常表现出相同的特点。所以,班组的组建以老、中、青相互搭配的年龄结构比较理想。

（5）职位、资历、能力成梯度搭配

对于职位、资历、能力而言,有的人高,有的人低。当高者与低者落差很大时,即使高者的指令不当,低者慑于高者的威望,一般不敢提出自己的主张,达不到交叉监视和检查的目的;而低者在指挥过程中,往往畏畏缩缩,没有自信心,时刻担心出错,心理压力很大。过于平坦的搭配,有可能互相挑剔,谁也不服谁,产生逆反心理,反其道而行之。合理的匹配梯度使工作人员之间有一定的梯度,但不能过于陡峭或平坦,而班组长应是资历和能力综合素质的最高者。

5. 班组成员之间的沟通

沟通是班组成员之间传递情感、态度、事实、信念和想法的过程,也是配合协作的先决条件。沟通对于班组无异于血液循环对于生命有机体,沟通能确保班组成员获得的信息得到共享,增进合作。沟通应注意时效问题(例如,空中交通管制、铁路行车调度指挥等工作具有较强的时效性),信息的发出一定要及时,并与对方接收的信息在内容上完全一致。如果不能达到正确的理解,则意味着信息沟通发生障碍。良好的沟通需要注意以下几点。

① 切忌固执己见。管制工作虽然有分工,但目标是一致的,即保证交通安全。班组成员必须明确,在具体工作中不愿意接纳他人正确的意见,不仅会造成工作失误,还会影响班组的团结。

② 大胆陈述自己的观点和疑问。管制过程中,当对空中的动态和组员的调配存在疑问或者有好的建议时,班组成员应坦诚、公开、及时地提出来,供大家商讨和参考。

③ 先接受补救措施,再追究个人失误原因。对于副班或其他管制员提出的安全隐患、事故苗头,主班管制员应无条件、不带半点情绪和侥幸心理立刻作出反应,挽回局面,对于查找个人失误原因则在其次。

④ 不过分干涉组员力所能及的工作,多建议,少命令和指责。鼓励组员公开讲明自己的意图,形成透明的工作环境,以便于组内监督和配合。

⑤ 鼓励组员在模棱两可的情况下,执行建议者的指挥意图。

⑥ 班组成员无论是接受建议还是向别人建议,努力做到减少个人情感的参与。谁是正确的并不重要,重要的是什么是正确的。

良好的沟通是一种双向的沟通过程,不是一个人在发表演说或者是让对方唱独角戏,而是用心去听听对方在说什么,想什么,有什么感受,并把自己的想法回馈给对方。沟通过程中可能因沟通者本身的特质或沟通的方式而造成曲解,因此传送讯息者与接收者间必须借着不断的回馈,去澄清双方接收及表达的内容是否一致。

5.3.6　DRM

1. 何为 DRM

DRM 是将值班班组各个成员连接成有机的整体,借助先进的计算机技术来相互协调,共同工作,实现班组间信息共享和交换,在保证飞行安全和提高服务质量的前提下,充分、科学、有效、合理地调配与组织利用各种资源实施管理,从而实现航班的管理、调整、监控能够安全有效地运行。它的功能包括航班放行评估、动态监控、航班调配及特殊情况的处理,通过报文与外部进行信息的实时交换,负责向机组和飞行保障部门提供或发布有关航班的资源信息。

2. DRM 在生产运行中的重要性

航空公司要加快发展步伐,综合提高运行控制能力,以高质量和高效的能力迎接种种压力和挑战,要优先挖掘从业人员潜力,发挥人员的内动力。运行控制中心是前场运行的中枢和指挥中心,而飞行签派员是运行控制工作的核心,其工作班组的资源管理更是其重要的组成部分。班组虽然单位小,级别低,却与保证安全有效的正常生产秩序息息相关。发挥飞行签派员的个人聪明才智很重要,但更要发挥班组的整体和系统功能。原因有以下两方面。

① 班组是最基层的管理单位,也是第一线的管理单位,直接参与飞机的运行工作。

② 班组人员思想各异、技能高低不一、工作经验不同、工作流动性大、随机性强、环境复杂,必须依靠管理把资源组织和协调起来,充分利用他们的现有资源,在确保生产安全和遵守运行规范、行业标准、规章制度的前提下使班组更好地发挥作用。

班组资源管理体现集体的智慧和力量,只有组建协调默契的空管班组,才能有效地减少甚至避免人为错误的发生。人们不能保证个人永远不犯错误,但集体的力量、团队和班组的行为可以弥补个人的差错。

3. DRM 的影响因素

(1) 沟通与人际关系

每个飞行签派员都应积极地倾听,礼貌而果断地表达自己的意见和看法。签派班组里的各个成员虽然负责不同的席位,但是一个班组却是一个有机的整体,如果过度乐观或盲目自信,遇到问题不进行信息交流,不去沟通协作,那就不可能及时作出正确判定、果断处理,这势必会导致隐患的存在,影响安全运行。正是由于人自身的行为对于安全正常生产所起的决定性作用,人与人之间的信息交流和整体的相互沟通与协作也占据越来越重要地位。由于班组里各个飞行签派员自身的经验、阅历、知识水平、专业技能等的限制,对公司飞行机组的搭配、所飞航线的季节特点、机场气候特征和地形特点及机场的运行保障能力的了解程度不同,因此应通过 DRM 的训练,使每个飞行签派员养成良好的沟通和人际技巧,克服个体遇到新问题时的反应不足。

DRM 训练中的协调沟通主要体现在以下三方面。

① 飞行签派员之间的协调和沟通是保证航班正常运行的必要条件。遇到新问题,通过沟通和交流,飞行签派员可以多方面、多渠道地全面掌握情况,把资源有效整合,从而快速地作出正确的判断和计划。

② 飞行签派员与飞行机组之间的协调和沟通,可以增强机组信心,保证飞行安全。随着公司机队的增大,航线的增多,放行航班时遇到复杂多变的天气和飞机故障保留放行的概率就自然而然地多了,这就需要飞行签派员利用人际技巧与机组进行良好的沟通和交流,使机组对当日所飞航路、机场做到心中有数,增强信心,在保证安全的前提下避免航班发生不必要的返航、备降。

③ 在飞机飞到外面、机场及外站时,飞行签派员与机场及外站的沟通和协调,在航班运行保障中起着举足轻重的作用。航班的正常运行需要飞行签派员跟他们进行诸多方面的协调和沟通。飞机在外站的运行协调,外站的运行保障等诸多方面的协调都需要飞行签派员的沟通协调。

所以,签派室既是航空公司组织和指挥航班运行的中心,也是信息的集散枢纽。保证安全必须有良好的预见性,它依赖于通畅地保障信息渠道和各单位的主动配合和努力工作。只有各保障单位及时准确地主动向签派室报告有关保障信息,才能有助于签派员全面掌握变化多端的情况,及时作出正确的决定和计划,并下达准确的指挥指令;各单位也才能及时从签派室获得其他所需相关信息和保障指令,并围绕这些信息和指令来有效完成各自工作,保证航班按计划正常执行。所以,飞行签派员除增强本身的专业技术外,还要形成自身沟通协调的配合意识和培养良好的人际关系。

（2）处境意识的管理

处境意识指的是一个人对正在发生的事情的准确觉察的能力，包括对即将到来的紧急事件的提前计划。处境意识的管理指的是用合理的方式将小组成员个人的处境意识转化为班组的共同处境意识，并维持在比较高的水平。当飞机出现特情时，飞行签派员面临对心理素质和应变能力的巨大考验，这也成为影响安全的直接因素。特殊情况的发生往往具有复杂性和突发性，如果签派员心理素质较差或应变能力较弱，特殊情况发生时不知所措，就会丧失正确处理事件的时机，会使原本复杂的情况变得更为糟糕。

（3）判断与决策技巧

判断与决策是一个很重要的任务。DRM 强调利用所有班组资源作出最佳的决策。当空中出现特殊情况时，现行法律和规则制度明确规定"机长对航空器有最后决定权"。但现在驾驶员更改机型频繁，学习的深度和综合性不够，又加上飞行繁忙，精力显得不够用，造成机长的最后决定不一定是完全正确的，需要地面提供足够的有效帮助，这些帮助主要来自飞行签派员、航行管制员、航行情报员等。因此，一个优秀的具备良好心理素质的飞行签派员应能通过收集各方面情况并综合分析所掌握到的信息资料，了解机组的意图，在最短的时间内找出合理的解决办法，给予机组最大的帮助和支持，使机组在最佳的时间内作出正确决策，果断执行，将损失降到最小。

（4）领导和协同

在工作中，领导承担着统领全局的职责，但下属的作用也是不能忽略的，他们对于发挥团队的效率，维持和保持处境意识也有重要的作用。

签派班组的领导能力也是 DRM 的一种体现，不但包括对飞行签派员人力资源的管理，还包括对签派设备资源的管理。每个签派值班班组由一名带班主任和几名签派员组成。飞行签派员中由于从事签派工作时间长短不同，个人的工作能力有差别，遇到紧急情况的处置不同，在班组中带班主任的作用就显得十分重要。一方面带班主任要了解班组人员的搭配情况，分析其解决问题能力；另一方面使班组资源合理分配，最大化地利用班组签派资源，达到较高的运行控制水平。设备资源管理，如磁场定向控制系统（field - orient control，FOC）、飞机通信寻址与报告系统（aircraft communication addressing and reporting system，ACARS）等在签派放行和监控航班的过程中体现出充分利用设备资源，更好地建立地空联系，形成最大的安全合力。

带班主任是班组内贯彻执行"安全第一"思想的决策人，应事事要严格要求自己，以身作则，身体力行，形成"个人影响力"。所以，带班主任首先要严格执行规章制度，严于律己做部属的表率，通过自身遵纪守法的模范行为，建立起"安全第一"的工作环境气氛，其次要科学有效地实施人员管理，要力争做到以下方面。

① 工作前有分工。有分工才会有协作，在组织分配任务中，带班主任要考虑班组成员在某些方面存在着差异和缺陷，根据任务特点、工作环境安排工作任务，并达到工作目标明确，工作内容细化，使班组成员时时有及时完成任务的紧迫感和保证安全的责任感。

② 工作中要监督检查。带班主任心中要有安全观念，对航班的整体运行要心中有数，更要清楚明白人员、飞机的状态，保证人员协调和各种信息交流。

（5）压力管理

任何紧急情况都会引发压力。有一些压力是工作人员带入工作环境的（比如，身体和心理的压力），它们往往不容易被其他人觉察。压力包括心理压力、工作及家庭的问题等引发的压力；生活事件压力，比如配偶死亡、离婚或结婚等重大生活事件引发的压力。每个人心理承受能力不同，在遇到压力时候反映出的情况也不尽相同。有的人在很短的时间内就会调整好自己的心态，而有的人心理比较脆弱，一点点的压力就让他一蹶不振，变得易怒暴躁，所以要成为一个优秀的飞行签派员，必须学会释放自己的压力，懂得怎样去调整自己的心态。

（6）批判性评论

批判性评论的技巧指的是分析未来、当前或者是过去的计划和行为的能力。飞行机组都有飞行前准备和飞行任务结束后讲评，而飞行签派员也需要这样的讲评，作为一名优秀的带班主任，要在任务实施前带领班组进行分析和计划，并在问题解决过程中适时评论，任务完成后也要中肯地对班组成员完成情况进行讲评。通过讲评，每个飞行签派员更加端正自己的工作态度，明确自己的工作目标。另外，带班主任还要搞好工作总结，带班主任要能、要会、要善于总结，不仅要对事件本身进行总结，还要把事件、事实上升到理论高度，不断完善和改进管理制度，弘扬先进精神和预防任何差错的发生，树立良好的工作作风，使规章制度得到落实，人力资源得到充分利用。

总之，正是由于飞行签派员在安全运行中充当着重要角色，所以对签派员进行资源合理管理和训练已经成为各航空公司发展中的一件大事。

⚠课后习题

1. 通信的定义是什么，空中交通管制通信的特征包括哪些方面？

2. 空中交通管制语音通信中常见的错误包括哪些方面？

3. 空中交通管制通信中良好的通信特征包括哪些方面？

4. 霍桑人际关系理论的主要内容包括哪些方面？

5. 团队的定义是什么，团队在空中交通管制中的作用包括哪些方面？

6. 领导的定义是什么，领导在团队中的作用包括哪些方面？

7. 班组资源管理的定义是什么，如何理解班组资源管理的特征？

8. 班组资源管理的原则包括哪些方面？

9. 班组资源管理的目标包括哪些方面？

10. 班组资源管理的要求包括哪些方面？

11. 空中交通管制班组资源管理的定义是什么，DRM 的定义是什么？如何理解空中交通管制班组资源管理与 DRM？

第6章 人与软件的界面

⚠ 学习提要及目标

空中交通管制中的"软件"有广义和狭义两种。软件的设计是为了规范和制定标准化的工作流程,减少人为因素的影响,降低管制员出错的可能性,辅助管制员进行优化与决策,提高运行安全与效率。

本章主要讨论与"软件"相关的人为因素问题,尤其是以人为中心的自动化系统。通过本章学习,学生应能够:

(1) 理解空中交通管制中的广义软件和狭义软件的内涵;

(2) 如何做好广义软件因素的管控;

(3) 理解和掌握自动化的概念、分类等级、自动化中的人为因素、以人为中心的自动化概念及要求等;

(4) 了解空中交通管制自动化系统的相关概念,空中交通管制自动化系统都包括哪些应用系统;

(5) 理解空中交通管制自动化系统对空中交通管制的影响。

6.1 人与广义软件的界面

广义软件是指与管制工作有关的规章制度、管制程序、运行手册、工作检查单、空域规划、飞行程序设计、协调移交规定、标准陆空通话、选拔与培训工作、安全教育培训及安全文化等。

6.1.1 完善规章制度,提高可执行度

管制运行中出现新问题、新情况或发生不安全事件,要及时分析总结,修订和完善现有的规章制度。管理者在制定行业规范和标准时,应以人为本,充分考虑人的因素,提高规章制度的可执行度。一套有效的工作流程可以降低管制员发生人为差错的概率。管理者应定期检查和修改各运行部门的运行手册、操作指引和应急检查单,完善其中的内容,并定期组织管制员学习相关内容,组织考核。此外,管理者还应定期收集一线运行部门的意见,充分考虑实际运行中的可操作性,提高管制员的执行意愿和工作热情。

6.1.2 优化航路航线结构,提升空域使用效率

我国的空域管理归属空军,大部分空域都是非民航空域。民航飞机基本上都是沿着航路航线飞行,就是所谓的"军航管片,民航管线"的空域格局。近年来,民航航班增长迅速,空域资源越发紧张,尤其是高峰时段,航路拥堵、航班堆积造成空中交通管制运行压力加大,管制员工作负荷增加,差错问题频频发生。

对于航路航线,如果空域条件允许,设计和使用单向或平行的航路及航线是解决空中飞行冲突最有效的手段。从目前情况看,释放更多的空域给民航增设航路航线可能性较低,在有限的空域资源下,如果能搭建"空中立交"则能够有效缓解空域紧张,减少飞行冲突。利用空域"三维空间"的特点,以高度分离不同方向的空中交通。例如,在飞行流量大,冲突比较集中的航路汇聚点,利用高度划分远航程飞机和近航程飞机,远航程的统一使用某个高度以上的高度层飞行,近航程的统一使用某一高度以下的高度层飞行,避免近航程航班在飞高高度提前下降准备进场时与其他飞机造成穿越高度的冲突,同时降低管制员的工作复杂性,管制员能够有更多精力进行飞行动态监控,减少人为差错的发生。

终端区域航路航线应实现进港和出港航班分流,即进港航班沿 A 线进港,出港航班沿 B 线出港,A、B 线没有交叉,完全避免进、出港的飞行冲突。如果由于空域狭小或者周围地理环境影响,则可同样使用"空中立交",在进、出港航线交叉、汇聚的点上,规定出港航班使用低于某一高度的高度层飞越,待建立侧向间隔再继续上升;进港航班使用高于某一高度的高度层飞越,待建立侧向间隔再继续下降。此外,为减少终端区域飞行冲突,可以适当减少进港口和出港口,缩小移交间隔,在运行效率不变的情况下,使空中飞机形成线性交通流,这样利于降低管制员的工作负荷,减少飞行冲突的发生。

6.1.3 科学开展人员选拔和培训工作

管制员在空中交通管制工作中与飞行员关系最密切,肩负着重大的安全责任。管制员经常承受巨大的生理和心理压力,所以具备良好的生理素质和心理素质是成为一名合格管制员的必备条件。选拔出符合管制工作需求的专业人才,是完成优秀管制队伍建设的前提条件。同时,科学合理地培养管制人才,提升管制队伍的软、硬实力,及时将新知识、新方法传递给每一名管制员是稳定和巩固空中交通管制运行安全的重要措施。

1. 管制员选拔

霍兰德把人格类型分为六类,见表 6 - 1。

表 6 - 1 霍兰德的人格类型与特点

人格类型	人格特点
现实型:偏好需要技能、力量、协调性的体力活动	害羞、真诚、持久、稳定、顺从、实际
研究型:偏好需要思考、组织和理解能力的活动	分析、创造、好奇、独立
社会型:偏好能够帮助和提高别人的活动	社会化、友好、合作、理解
传统型:偏好规律、有序、清楚明确的活动	顺从、高效、实际、缺乏想象力、缺乏灵活性
企业型:偏好能够影响他人和获取权力的言语活动	自信、进取、精力充沛、盛气凌人
艺术型:偏好需要创造性表达、模糊、无规律可循的活动	富于想象力、无序杂乱、理想化、情绪化、不实际

空中交通管制工作要求管制员反应迅速、思维敏捷、责任心强、具有良好的团队合作意识,遇到不正常情况时沉着冷静,严格遵守和执行规章制度,具备过硬的心理素质,还要积极进取,勤于学习新知识、新技术,不断提高自身业务技能。综合来看,管制工作属于传统型和研究型相结合的职业,因此管制员的选拔也应该考虑个体人格特点,选拔具备相应人格特点的人进行

培养,以降低离职率和提高员工的工作满意度。

选拔的方式可以采用面试、测试等方法。面试是一种与应聘者面对面的双向交流,包括个人、家庭、学校情况、动机、兴趣、职业规划等。通过面试访谈,还可以收集其他方式无法获得的信息,如考生的英语水平、普通话水平、口语表达能力、现场适应能力、沟通能力、团队合作能力等。当然,面试也具有一些局限性,最明显的一点是采访的效果很容易受到演讲者的谈话技巧和态度的影响。因此,在对管制员的选拔面试中,应以人力资源专家、高级管制员和心理学家为主要考官。测试经常运用于管制员的选拔。考虑到管制工作的特点,测试内容一般包含智力测试、表达能力测试、性格测试和英语能力测试等。这些测试通常是通过笔和纸、交互式计算机及集体活动实现。测试的主要目的是考察参选者是否具备管制员的基本素质和个性特征。

2. 管制员培训

管制员的培训包括培训新学员和管制员的复训。新学员的培训除了传授所需的管制技能和理论知识外,应注意培养他们的管制习惯。良好的管制习惯可以帮助管制员降低发生错误的概率,比如,扫视雷达屏幕,用鼠标拖动所扫视到的雷达标牌。如果把这一行为养成习惯,在工作中做到手和眼的统一,就可以帮助管制员优化注意力分配,建立良好的情景意识,时刻提醒自己所要关注的飞行动态,避免遗忘。良好的管制习惯并非短时间就能养成,需要有计划地长期培养,而改正不良的习惯更是需要时间和毅力。因此,管制习惯的培养和锻炼应该在新学员培训阶段就展开。另外,管制员的复训工作也是需要定期开展的,其中包括模拟机复训、技能考核、基础知识评估、应知应会考评等。管制员培训的目的是不断提高空中交通管制队伍的业务水平,适应新形势和新环境的要求。

6.1.4　开展航空安全文化建设

航空业对安全文化的关注源于 1991 年美国国内的一场民航空难,1997 年美国国家运输安全委员会(NTSB)召开的国家运输安全会议上"安全文化"成为独特的最显眼的主题。在航空领域,安全文化代表性的定义有:航空安全领域的研究权威梅里特(Merrit)和赫尔姆里希(Helmrich)在 1996 年提出的"文化是个体和个体所在团体里的成员共同分享的特定的价值观、信仰、礼仪、符号和行为,这些共有特征尤其会在与另外一个群体作比较时表现出来"。在 1998 年,他们将安全文化进一步阐述为"个体通过把对共同的安全、重要性的信仰表现在自己的行为中,以及每个成员愿意支持组织的安全规范和为了共同的目的支持别的成员"这种观念的理解。Eiff(1999)认为"安全文化存在于一个组织内部,在这个组织里,不管员工的职位如何,在预防事故发生时采取行动,这个行动就应该被组织支持"。

国际民航组织 1992 年指出良好的安全文化由以下因素构成。

① 高级管理层注重安全。

② 全体职员理解工作场所内的危险。

③ 高级管理层愿意接受批评并以开放的态度对待对立的意见。

④ 高级管理层培养一种鼓励回馈的氛围。

⑤ 强调有关安全信息沟通的重要性。

⑥ 对现实的、可利用性的安全规则进行宣扬。

⑦ 确保员工受过很好的教育和培训，保证员工非常理解不安全行为的后果。

航空安全文化体系的建立和完善可以从安全文化的内涵给予考虑，即从航空安全观念文化、航空安全制度文化、航空安全物质文化、航空安全行为文化四个层次加以建设。

① 在航空安全观念文化建设方面，航空运输企业需要认清形势，树立新观念。为了适应不断变化的国内国际环境，航空公司在安全管理中应树立全面的观点，把行政管理、科学技术、数理统计三者密切结合起来，使飞行、机务维修、签派、运输等部门密切配合，为安全生产这个共同的目标工作。同时，航空公司应对全部职工采取分层次系统的安全教育，应对企业的安全薄弱环节，加强基础建设并监督检查，应对容易发生问题的场所和设备，找出规律性的东西，采取对应措施，应对企业的安全素养和职工的安全素质，从根本上培养，彻底解决问题，防患于未然。

② 在航空安全制度文化建设方面，建立健全安全生产的制度法规体系，做到航空安全工作的有法可依、有法必依、违法必究；建立健全专业性安全规章制度，完善安全生产责任制、健全安全监察体系；建立有效的监察机制，完善多级安全监察网络，形成有力的监察制度；建立安全运行监察员持证上岗制度，培养高效的监察队伍，持之以恒地抓好安全运行监察工作。

③ 在航空安全物质文化建设方面，在设备更新、机构变动前通过风险分析与安全论证，保障安全在比较高的水平。例如，民航企业在引进飞机掌握其特性的基础上，结合所经营和运行机场及航线的飞行环境，研究配套的购置方案，使其成为相互配套、相互依赖的有机整体，从而充分发挥经济功能和安全功能。同时，民航企业应当考虑引进与设备相适应的科学知识和操作技能，使空中和地面有关人员都能了解掌握所使用的生产工具或设备的性能特点，使人和他所控制、所操作的生产工具和设备能够相互配套、相互协调地进行工作。

④ 在安全行为文化建设方面，重视员工的培训，提高人员素质。人为因素是航空安全的主要因素，但在现代航空技术飞速发展的今天，许多人为因素与民航员工的知识与技能跟不上有直接关系。因此，加强员工的知识技能培训是提高民航安全的一条根本途径。员工是企业生存和发展最大的资源，员工质量的提高是民航运输企业投资回报率最高的途径之一。航空安全的保障离不开整个系统每一个环节的正常运行，除了在购买飞机、增强市场运力的前提下，航空运输企业更应该加强飞行员、机务维修人员、签派人员等人员的持续培训，这些职位的人员与安全工作息息相关，其工作的正常运行能为公司创造巨大的财富，相反如果重要岗位的人员培训跟不上，积累的安全隐患一旦爆发，将付出惨重的代价。

6.2 人与狭义软件的界面

狭义软件是指计算机信息系统，在空中交通管制中主要是指空中交通管制自动化系统。空中交通管制中人与软件的界面主要体现在人与空中交通管制自动化的关系上。空中交通管制自动化指的是由设备或系统程序完成本应由人来完成的任务，根据任务完成的范围和程度不同，在直接手动控制和完全自动化之间有不同等级的自动化，高级自动化更复杂，有更高的自主权和决策权。过去几十年来在空中交通管制中引入了很多感知、告警、预测及信息交换方面的自动化组件。这些自动化组件有很多好处，而且已逐渐被管制员接受，以后可能还会发展具有决策和计划功能的高级自动化系统。人们希望自动化不仅能增加容量,还能增进安全、提高效率、减少人员、易运行、维修费用低、并减少管制员的工作负荷,实现这些目标需要考虑操作者和自动化交互的人为因素问题。

6.2.1　自动化的定义

自动化一词使用很广泛,有很多含义。The American Heritage Dictionary(1976)中的定义很通用,但不是很明确:"对一个过程、设备或系统的自动操作或控制"。其他关于人机系统自动化的定义则大不相同,比较认同的自动化定义是:能(部分或完全)实现先前由人操作完成的设备或系统。这一定义强调任务由人转交给机器这种变化(而不是一种从未由人完成的机器控制功能),因此,这一定义认为自动化将随着技术发展和人的习惯而改变。一旦一项任务已完全分配给机器,那么一段时间以后,这种功能将仅仅看作是一种机器操作,而不是自动化。在空中交通管制中,电子飞行进程单是迈向自动化的第一步,而一些辅助决策工具,例如,对保持最后进近间隔的决策则代表着将来有待实现的高级自动化。

6.2.2　使用自动化的原因

人们使用自动系统取代或帮助人类操作的原因多种多样,可以粗略分为以下四类。

① 危险的任务。有些任务之所以自动化是因为对人来说是极度危险的。例如,人们在军事活动中使用遥控机器人处理炸弹。

② 机械的任务。对于不借助其他装备的人类操作者来说,有些过程尽管是可以完成的,但是是极为艰巨和机械的,因此人的操作绩效会比较差。例如,人可以进行加减乘除的计算,计算机也可以,但是人的计算需要人的全部注意力而且容易出错。机器控制的流水线可以完成高度重复和令人疲劳的工作,工人也可以完成这些工作,但是工人由于机械导致的心理和生理的双重疲劳,可能会以安全事故为代价。

③ 辅助扩展人的能力。有的时候,自动化系统只是在任务难以完成的情况下帮助人而不是取代人。例如,人没有办法完全记住所有的电话号码,自动化系统则可以在接入电话的同时显示对方在电话簿中的名字。自动控制系统在扩展人处理多任务方面是很有用的,同时,自动化系统的使用是为了扩展人的能力,而不是取代人在系统中的地位。

④ 其他需求(节省成本,炫耀技术的复杂性)。很多家电如微波炉都会有很多自动功能,但人们从这些功能上得到的帮助很少,这些功能主要是为了营销,不是帮助用户。

使用空中交通管制自动化的初衷可以被归到第二类和第三类,减轻工作负荷、减少重复劳动,辅助记忆性决策制定等。

6.2.3　空中交通管制自动化的等级

按机器和管制员相互作用的自动化水平,空中交通管制系统自动化等级可分以下几种。

① 半手动:在转交给机器以前完全由管制员操作的叫半手动。

② 半自动:管制员选择选项后就由计算机操作。计算机帮助选择并按其选项工作,不需

要管制员跟踪;计算机选择一个行动过程,管制员可用它或不按它来操作,或由管制员批准、执行;计算机做全部工作,但要告诉管制员做了什么。

③ 自动:计算机做全部工作,例如,计算机决定它应该告诉管制员什么,就告诉管制员什么;管制员问什么,计算机就告诉管制员什么。

④ 全自动:例如,计算机决定它该做什么就做全部工作,计算机决定管制员需要知道什么,就告诉管制员什么。

什么等级的自动化最合适呢?这一问题没有简单的或唯一的答案,虽然高级的空中交通管制系统自动化正在研究中,但是已有共识,就是要以人为中心的自动化。人是社会生产力中最活跃、最积极的因素。只有人发展了,才能推动社会发展。因此,任何自动化技术、设备和系统的发展都是为人服务,满足人类的发展需求。

6.2.4　空中交通管制自动化的好处和不足

空中交通管制需不需要自动化?答案是肯定的。从满足不断增大的航空运输量、空中交通管制系统的安全和效率的需求上来说,空中交通管制是需要自动化的。但是,我们也要辩证看待自动化,引入或提高自动化并不一定能减少管制员负荷和提高效率,弄不好则相反;其关键在于自动化的空中交通管制辅助设备要以使用者为中心。管制员也需要理解、相信和适应自动化的作用,而自动化设计原则一定要符合管制员的信息要求。所以,引入或提高空中交通管制自动化有好处,但也需要关注其不足之处。

1. 提高自动化的好处

驾驶舱自动化的好处有:更精确的导航和飞行控制,减少燃油消耗,全天候运行,消除某些错误形式,减少特定飞行阶段飞行员的工作负荷。与驾驶舱自动化比起来,空中交通管制自动化程度还很低。自动化的主要优点有:提高对危险情况(冲突告警)的警觉,让管制员从某些常规动作中解脱出来,完成其他任务(如自动扇区移交)。还有诸如:增加交通流量,减少人员,改善人与系统的性能,改善管理控制,减少感受的任务负荷,更好地综合多种来源的数据,减少训练的要求,提高服务质量,实现超出人的能力的功能,降低任务的复杂性,加强安全性等。

2. 可能的不足

航空自动化的好处,无论是在空中还是地面,都不能绝对保证,而只是一种可能的收益。有时,可以不费任何代价就得到自动化预期的好处,但有时自动化的好处会因其付出的代价部分或全部抵消。自动化中可能出现的不足如下:人的能力与计算机的能力之间未意料到的负面相互作用,随着综合任务负荷的增加,资源和工作负荷的关系改变,自动化系统无能力解决复杂和临界的问题,自动化掩盖操作者技术/知识上的缺陷,失去控制技能和响应的准备,形势意识下降,未预见到的人的作用的变化,实际是半自主的东西感受成全自主,团队协作降低,增加监控需求,认知负荷过重,自动化的感觉代替操作者的感觉,自动化中的过分自信和缺少信任,引入新形式的人的错误,技能降低,增加脑力负荷。

6.2.5　自动化中的人为因素

1. 新的错误形式

尽管自动化能减少或消除某些人的错误,但它也会引入新的错误形式。这并不一定是自动化设备自身失效,相反,自动化设备可能正如设计的那样正确地工作。但是,如果提供不正确的输入,而自动化继续按这些输入工作,且没有人的监视,或者当自动化行为是预期之外时,就会产生错误。这类错误在很多自动化中都出现过,出现最多的是驾驶舱中的飞行管理系统(FMS)。

FMS 是一种更复杂、自动化程度更高的系统。FMS 有很多功能,相应地有很多模式。其复杂程度增加了飞行员和飞机操纵面之间的子系统数量,降低了飞行员的直接操纵效果。FMS 模式错误是其复杂程度增加的一个直接结果。研究表明,即使是经验丰富的飞行员对 FMS 的所有模式或相互之间的关系(尤其是特殊情况下)也不能完全了解。这导致出现预期之外的自动化行为(自动化行为出乎飞行员意料之外),从而使飞行员感到困惑,例如,自动化现在在做什么?它接下来会做什么?飞行员到底是怎样进入这种模式的?对于未来的高自动化的空中交通管制系统也同样存在这些问题。

2. 工作负荷

① 自动化不一定会降低工作负荷。

② 工作负荷可能会影响人们决定是否采用自动化。当自动化的好处不明显时,或者只有经过很多思考和评估后,自动化的好处才很明显时,那么过多的认知负荷可能会使操作者放弃使用自动化。

3. 对自动化的信任

① 信任是使用自动化的一个重要因素。例如,即使该自动化系统很可靠、准确、有效,如果操作者不信任它,操作者也就不会使用它。

② 信任本身很复杂,且随时间变化。

③ 影响信任的一个因素是自动化的可靠性。

④ 研究表明,对自动化的信任及对自身技能的自信心将共同影响自动化的使用。当操作者对自己技能的自信心超过对自动化的信任时,他们将选择不采用自动化,反之,将选择使用自动化。

4. 对自动化的不信任

① 系统中的人(操作者)总是倾向于保留原来的工作习惯,怀疑或不信任首次引入的新技术。随着对新系统经验的增加,且新系统工作可靠准确,大多数操作者才开始接受并信任新的设备。

② 虚假告警。虚假告警带来的不信任问题在很多工作设备中广泛存在。为了在保证设备的虚假告警率低于某一个值的同时,尽量减少漏报,这些系统都设置了一个决策阈值。

影响虚假告警率,从而影响操作者对自动化告警系统的信任的两个重要因素是决策阈值的大小,以及危险情况发生的概率。

③ 决策阈值。决策阈值需要审慎评估。设置自动化告警系统的决策阈值时,优先考虑的是遗漏告警和虚假告警各自的代价。

④ 仅仅为一个特定设备的虚假告警率设置决策阈值并不能保证高的可靠性。如果事件概率很低(绝大部分危险事件确实如此),那么即使是很灵敏的告警系统,其真实告警率也会很低。可靠的、高的告警真实概率只能通过探测灵敏度和危险事件概率的组合获得。当告警的真实概率低时,即使操作者不会忽视警告,他们也不会作出反应。

⑤ 根据这些结果,自动化告警系统的参数应如何设置呢?只有在危险事件概率较高时,告警的真实性才会比较高。但是,在现实中,这一点无法保证。因此,自动化告警系统设计者不仅应考虑系统的决策阈值的设置,还应考虑探测系统的概率。只有这样,操作者才会信任并使用系统。另外,当事件的概率很低时,告知操作者不可避免的虚假告警的可能性,是避免操作者不信任的一个有效措施。

⑥ 最后,除了经常虚假告警与不信任有关外,操作者可能还会猜疑他们不是很了解的系统。如同前述,飞行员对 FMS 的各模式和模式行为不太了解。尽管设计者的本来意图是设计一个有用的软件产品,但操作者对自动化的不完整或不完全的模型带来的不信任,将减少自动化的好处。随着自动化系统越来越复杂,其行为越来越难以估计,设计者应努力使自动化更透明,以避免产生不信任。

5. 对自动化的过于信任

(1) 过于信任

操作者过于依赖自动化,而没有意识到它的局限或没有监视自动化的输入。

例如,管制员过分依赖雷达,未充分利用进程单掌握飞行动态。某区域管制室雷达显示丢失标牌的现象较严重。2000 年厦航 8551 航班与东航 7510 航班在该区域发生飞行冲突,原因之一是厦航 8551 航班在雷达上一直没有显示,管制员却过分依赖雷达显示,忽略了进程单的作用,未及时调配潜在冲突。

又如,1995 年,见习管制员过分依赖雷达,指挥 B2549 飞机下降 1 800 m 加入三边时,忽略了在雷达盲区的 B2104,导致两机飞行冲突。

(2) 影响自动化监控的因素

影响自动化监控的因素:操作者的工作负荷,当任务负荷很大时,操作者对自动化会过于依赖;自动化的一贯可靠性,如果自动化工作有时候很可靠,有时候不可靠,那么操作者对自动化不会过于信任,就会更好地监控自动化。

(3) 过分依赖自动化的后果

① 技能下降。过于依赖自动化可能会导致另一个问题——技能下降。操作者技能下降将使操作者更加依赖于自动化,形成恶性循环。

② 形势意识。第 3 章介绍管制员保持形势意识(保持对扇区内及扇区附近空域的空中交通情况了解)的重要性。对自动控制设备状态的了解同样也很重要,当系统出现错误或环境使自动化的行为不恰当时,操作者才能及时以适当的方式作出反应。

自动化会影响管制员的形势意识。通常,高度的自动化可能会从四个方面影响管制员的形势意识。第一,如果自动化完成先前由人控制的操作,而没有告诉人(如转换模式),或只有很细微的信号(如在密集的显示屏上一个文字数字值的改变),管制员的形势意识程度显然会降低。第二,即使这种状态改变更明显,管制员的警觉性降低(如同前述),不会注意到状态的变化。第三,即使设计者为自动化提供显著的告警,行为研究表明,如果操作者自己在引起状态变化中起积极作用的话,将比人只是被动地看着其他部件引起同样的变化,更容易记住事件(如状态改变)。第四,有效的形势意识不仅依赖于可用的、很好处理的信息,还依赖于对监视的系统在头脑形成一个准确的模型。

如果自动化设计是一种与人完成任务的方式不同的,以更复杂的方式执行的程序,同样,人也不容易理解并记住状态的变化。

6.2.6　空中交通管制自动化的潜在影响

空中交通管制自动化的影响,有的可以预见到,有些则不可预见。很难估计系统中设备、软件、工作站变化引起的系统中组件之间相互作用的后果。因为自动化工具的引入,系统中管制员的作用和工作方式可能会相应发生变化,从而会影响到管制员的工作负荷、工作效能和生产率。这些影响有好有坏。此外,自动化的增加要求有相应的训练。

1. 自动化程度的提高对管制员的作用和工作方式的影响

① 理想情况是在自动化程度增加的情况下,管制员将逐渐转变成为一名空域的管理者,对自动化系统的工作进行监视和控制,只在情况超出计算机能力时,再进行干涉。

② 在短期内,在先进自动化系统(AAS)的开始阶段,管制员的工作保持当时情况,当自动化系统能可靠地解决冲突及空地数据链通信实现时,管制员才可能过渡到空域管理者的角色。

③ 管制员关键是要了解自动化系统如何解决冲突,采集哪些数据,提出哪些备份的方案,按什么优先顺序选择方案等,否则可能对自动化系统不信任或过分信任。此外,作为空域管理者,要始终掌握情况并准备好接管超出计算机能力的复杂情况。

④ 空域管理者应按人与计算机优劣来安排和分配任务,取长补短。人与计算机的优势比较,见表6-2。

表6-2　人与计算机的优势比较

项目	人	计算机
检测能力	味、嗅觉比机器灵,易受影响,有倾向性	灵敏,快速,无通用性
判断能力	较强的综合判断能力,但差异大,不易协调(人与人)	快,协调,但综合判断能力弱
操纵能力	通用性强,要训练,随机应变好	通用性差,重复性好,再现性好,无疲劳,反应快
可靠性	取决于生理、心理状态	取决于设备可靠性
持久性	差	取决于设备持久性
信息量	小,易错	大,不易错

2. 自动化对管制员工作负荷、工作效能和生产率的影响

(1) 对工作负荷的影响

① 空中交通管制工作负荷是由空中交通管制情景意识所需的内容确定的,即飞机的数

量、飞机相遇的复杂程度、需要的通信和协调工作负荷、气象等,基本上取决形势的要求,用人工系统完成一个任务需要的代价来量度。

② 同样的要求对新手和有经验的管制员,由于管制员的知识、技能、经验及健康、疲劳情况不同,需要的工作负荷也不同。

③ 估计工作负荷时要计入两种工作负荷,管理形势需要的工作负荷——客观工作负荷和脑力活动的主观工作负荷。自动化程度增高对主观工作负荷的实际影响很大程度上取决于使用者与自动功能界面的设计——人机任务分配。比如,需要输入的数据的性质和内容影响客观工作负荷和主观工作负荷。另外,静态的任务分配方案可能降低生产率,而一个动态的、可调整的工作分配方案可以提高整个人机系统的生产率,减少脑力活动的主观工作负荷。

④ 主观工作负荷应保持中等程度,过高、过低都会降低人的注意力和警觉性。一个以使用者为中心的自动化系统,需要把人的主观工作负荷保持在一个可以接受的水平。主观工作负荷应稳定地保持中等程度,以保持必要的注意力和警惕性。人可以短期承受较高的工作负荷,但时间长了会出错,也将降低管制员的体力和智力水平。

（2）对工作效能的影响

与工作负荷相同,自动化程度提高,对管制员工作效能的影响很难预计。通常,把过去由人做的工作由自动化取代,这将降低技能、警觉性,导致计算机不胜任或出问题时,人的"响应"太慢,甚至看起来失去技能。

管制员的工作转为空域管理者时,管制员的主要职责由检测冲突转为检测系统的异常情况,管制员效能的性质和定义也随之改变。在现行系统中,管制员效能的主要衡量标准是,能否胜任复杂的、交通繁忙时期的交通管制。但管制员工作效能还包括一些无形的东西,一个看起来很忙碌的管制员的工作效能,可能并没有一个事先已根据飞行计划安排好交通的清闲的管制员的工作效能高。自动化程度提高后,管制员的工作效能评估准则也将随之改变。

（3）对生产率的影响

① 通常认为自动化做管制员的日常工作,提高管制员的生产率。实际上要看生产率的定义,对于定量的生产率,以单位时间通过扇区的飞机数量表征。这完全没有考虑管制员的中心任务,即保持安全、有序、均衡的交通流量,而且可能一个小时高,一个小时低,与航班表一样变化。而定性的生产率指自动化对空中交通管制中安全、效率和可靠性影响的评估。可见不能只考虑一种生产率,有时定性的生产率更重要。如果一种新的自动化工具能提高定量和定性的生产率,那么,它一定是可用的、适用的和可以接受的。

② 新系统,如专家系统和人工智能决策的工具等。开始使用时,因人不熟悉它,新系统的生产率通常会降低,人熟悉后才会逐步提高。

③ 量度定量生产率时要评估自动化的安全、效率和服务可靠性的影响。

如果自动化工具需要额外的信息处理和数据输入,将增加管制员的工作负荷,此时无论定量或定性的生产率都不会得到提高。要提高定量和定性生产率,自动化工具必须设计得可用、适用、可以接受。

自动化系统中,计算机可能会加上各种限制,因此管制员目前所采用的一些减少延迟的捷径,在自动化系统中可能不能应用,这样将降低定量生产率;如果自动化系统可接受性低,管制员可能不愿采用新的设备,这同样也会降低定量生产率。因此,系统可接受性的变化可用定量生产率来衡量。定量生产率与定性生产率会发生相反的变化,例如,处理的飞机数目增多,但安全性却降低。

3. 自动化对管制员的选拔和训练的影响

自动化程度改变,管制员的选拔和训练也要相应改变。当今天的管制员成为未来的空域管理者时,他们工作的效能和内容都会改变,选拔的原则也要随之改变。训练的目标和内容也要改变,对管制员来说主要是要深入了解自动化的功能,特别是自动化的冲突探测及解决的能力,关键是了解自动化能提供的解决冲突的限制,以便在自动化有问题时能控制飞行安全。选拔和训练主要取决于管制员在系统中的作用。例如,自动化是否改变管制员的任务,可能需要不同的能力,或能力的重要性不同。

6.2.7　以人为中心的自动化

以技术为中心的自动化认为无论什么功能都可以自动化,人只做剩下的工作,只是一个旁观者;与之相反,以人为中心的自动化中,人是主导者,自动化帮助人省时省力,支持使用者的工作。

1. 以人为中心的自动化的概念

以人为中心的自动化是指导自动化系统设计的一种思想,在系统中人是主导者,既提高系统的安全和效率,又可使人的表现最佳;通俗地讲,也就是要保持自动化的优点,同时尽量减小本章前述的不足。尽管以人为中心的自动化现在是一种普遍的概念,但是其准确含义并未被很好或普遍理解。不同时候、不同情况下,它可能有不同意思。

① 合理分配人机任务。

② 保持操作者拥有对自动化的最终决定权,或保持人拥有最高权力。

③ 让人保持在决策和控制环节中,保持人对情况的获悉。

此外,自动化应让人做到以下几点。

(1) 具有工作成就感

通过人性化的设计使操作者工作更简单、更舒服或更满意。但是,只有在其他所有因素保持不变时,包括操作者感觉厌倦、乏味的趋势(而简单的工作会增强这一趋势)保持一致时,简化操作者的工作才有意义。

(2) 信任自动化

这种以人为中心的自动化的观点可分解为以下几个子目标:使自动化更可靠、可预测,能更好地适应不同情况,对自动化运行更熟悉,以及关于自动化正在做什么,或将要做什么更开放、交互性更强。

例如,当系统工作不正常时,一定不要给人正常工作的印象。获得信任需要系统软失效/安全地失效。

(3) 及时获得需要的信息

人只能吸收和利用非常有限数量的信息,如果将所有可能有用的信息都显示出来,那么就会有太多信息,从而很难在需要的时候找到需要的信息。所以,自动化要按管制员的工作程序和要求及时提供需要的信息。

（4）减少人的差错

自动化系统应容许一些非标准行为。

（5）保持对自动化的监控

通常对于以人为中心的自动化，管制员的监控功能可分为以下几类。

① 计划，以训练的形式离线完成。它包括很好地了解物理系统，以对不同飞机的特征（需要的速度、间隔等）在头脑中有一个短期模型。它还包括对目标知识（相对重要性、紧急程度、对事件的好坏评价）的了解。它们是基于计算机的训练设施逐步获得的。理想情况下，这两项功能可完全用数学形式描述，同时有一个最佳的解决方案。在现实中，要进行决策，监控者还要进一步考虑高级机构发布的程序和指南。

② 监视，管制员要在线完成。它涉及注意力的分配（为了获得需要的信息要看、听什么），在很大程度上受操作者期望的大脑模型，以及当时的显示和语音通信的影响。它还包括通过TCAS和其他可视化工具的帮助，对状态进行预测（所监视的所有飞机的水平和垂直位置）。最后对预计状态进行评估，决定是否存在需要特别注意的不正常情况。

③ 决策和通信，在线完成。它可分解为几个步骤。第一步，基于操作者对偏航飞机的位置和航向的了解，决定什么样的行为是适当的行为，可采取哪些方案，以及这些选择方案的可能结果。第二步，正常情况下的通信，通信必须简短并以合适的格式，不久的将来数据链可帮助完成这一步骤。第三步，不正常情况下的通信，通知某一架或几架飞机优先飞行。这是一个闭环，无论通信是正常还是非正常情况，都须保证采取适当的行动，这非常重要。

④ 学习，部分是在线记忆任务，部分是后来离线后的反映，以及对录音事件的学习。

2. 以人为中心的方法在空中交通管制自动化中的应用

以人为中心的方法的目标是按照管制员对信息和任务的要求，用自动化提供需要的信息和工作。

下面是对飞机自动化和空中交通管制自动化都适用的建议。

① 人必须保持对飞机和空中交通管制运行的指挥。

② 自动化可以提供一些计划和控制选项的帮助。

③ 人必须保留在任务中。

④ 自动化可以提供更综合及时的信息帮助。

⑤ 人必须得到有关自动化进程的目的和功能的信息，要知道自动化正在做什么及为什么。

⑥ 人必须得到参与解决问题所需的信息。

3. 以人为中心的空中交通管制自动化的目标

以人为中心的空中交通管制自动化目标有三个：可用性、运行适应性和可接受性。

（1）可用性

① 是否易于使用。自动化通过菜单结构易于导向需要的内容，用一定形式和顺序的指令使易于记住数据输入的要求等。

② 可用性取决以下几个相互依赖的因素和目标：系统能力可靠性、使用者界面的组织、维修能力。

（2）运行适用性

在有效地作计划、保持对形势的了解、飞机的间隔和其他空中交通管制任务能力方面自动化向管制员提供支持。如果不能为管制员适时提供他需要（形势和设备状态）的信息，自动化的功能可能有可行性，但不适用。

3. 可接受性

除可用性、运行适应性和可靠性外，可接受性还取决于新的空中交通管制技术对管制员工作满意程度的影响。有些情况，新技术的使用将一些使管制员有满足感的工作改变了或代替了。

为了满足"三性"的要求，要考虑以下几点。

① 软件运行的透明度。如果设计软件时已考虑了可用性要求，那么软件的内部操作应该对管制员封装起来。例如，如果仅为了编程方便，而使管制员在使用用户界面菜单时很难保持方向感的话，那么软件可用性目标就得不到满足。

透明度还与运行适用性有关。如果空中交通管制任务不需要注意其内部计算结构，就可以自然地、直观地完成，此时软件操作应对管制员保持透明。一个不透明的用户界面，因为难以理解和使用，可能会影响管制员对于工作的满意程度，使管制员产生受挫感。

② 容错与恢复能力。容错与恢复能力设计目的是满足运行适用性，同时还与其他目标有关。容错设计允许不同的命令在概念上相同（如 Exit 和 Quit），并可以接受这些预先定义等同的命令。容错设计事先预计使用者可能出现的数据输入错误，使用者在使用过程中可以即时捕捉这些错误。在使用过程中，对于一些重要的选择，容错设计会向使用者提出疑问（例如，"你确实要删除这个飞行计划吗？"）。容错设计使错误恢复变得简单，提高自动化可用性。

③ 与管制员的期望一致。如果自动化不以管制员的处理方式来评估情况、采取行动，管制员就容易对自动化产生怀疑，可能采取不恰当的行动。管制员更愿意接受、相信、使用与管制员的处理方式相同的自动化功能。为了使自动化对管制员来说更实用，自动化应考虑到空中交通程序和运行（例如，空域和交通管理限制，高度层分配规则等），这样自动化才能符合实际。

④ 与人的能力和限制兼容。如前所述，人对自动化的监视能力很低，不能把管制员放在被动地监视自动化的位置，期望管制员可以检测到自动化的失效，然后，了解情况并采取适当的行动。空中交通管制自动化应合理地分配人机任务，使自动化功能与管制员的能力和限制相兼容。

⑤ 易转向较低的自动化水平。在高度自动化系统中工作一段时间以后，因为管制员技能生疏、警觉性降低，使得他很难转到自动化水平较低的系统（如系统故障或失效等情况）。如果自动化管理的飞机数量和复杂程度超出管制员的能力，管制员将无法从自动化失效中恢复过来，即很难重新回到自动化状态。因此，管制员应积极参与到系统中，保持对情况的了解。

⑥ 易于控制非正常情况和应急情况。管制员应当始终可以获得干预紧急情况或非正常情况所需的信息和方法。例如，对于一个由自动化来处理所有有关飞机通信的系统，在需要时，如果管制员无法与飞机取得联系，或无法取得扇区内所有飞机的重要飞行信息，这样一个系统是不能接受的。

⑦ 易用易学。自动化功能应易于学习和使用。自动化功能影响训练需求。复杂系统可能需要对各操作模型及限制进行广泛训练。经常训练可以处理那些不期望出现，但有可能出现的问题。

以上要求都要以系统功能和运行目标形式给出。

▲课后习题

1. 广义软件和狭义软件的内涵是什么？
2. 自动化的定义是什么？
3. 空中交通管制自动化的等级分类包括哪几类？
4. 空中交通管制自动化的好处和不足包括哪些方面？
5. 自动化中的人为因素包括哪些方面？
6. 空中交通管制自动化的潜在影响包括哪些方面？
7. 以人为中心的自动化的定义是什么？以人为中心的自动化的目标包括哪些方面？

第7章 人与硬件的界面

⚠ 学习提要及目标

人为因素准则最早应用到设备设计上是在第二次世界大战期间，B-17s，B-25s，P47s 和其他飞机着陆后飞行员往往是收起落架而不是收襟翼。研究这一问题的心理学家阿方斯·查帕尼斯（Alphonse Chapanis）注意到襟翼和起落架的操纵器很容易混淆。它们大部分都是同样的拨动式小开关（或几乎同样的控制杆），而且位置也靠在一起。这些操纵器经重新设计后就很容易区分了（起落架操纵器末端有一个小轮，而襟翼操纵器末端呈楔形），着陆后飞行员再也不会收起落架了。这是"设计诱发的差错"的一个例子，在工作环境设计中应避免这种情况。

本章通过介绍人与硬件的概念，使学生理解并掌握空中交通管制系统硬件的设计、应用与人的关系，并通过空中交通管制系统工作站设计、工作室的设计、通信设备的设计等与空中交通管制人员相结合，提高和改善安全运行水平。

通过本章学习，学生应能够：

（1）掌握空中交通管制系统运行要求与所需硬件的设计；

（2）理解空中交通管制系统运行需求；

（3）了解空中交通管制系统实际运行中有关设备、工作台、通信等设备及系统设计的一些原则和方法。

7.1 空中交通管制运行要求转化为工作站设计要求

空中交通管制工作站环境包括管制员工作环境中的所有项目：主显示器和控制台、辅助显示、通信设备、工作台、座位，以及储物柜等。如果设计得当，空中交通管制工作站和设备环境可以改善管制员的安全、健康、工作效能及工作成就感。恰当的设计来源于对运行情况的了解及基本人为因素准则的运用。

对工程设计组来说，最困难的任务可能就是将空中交通管制运行要求转换为工作站设计要求的过程。这一任务的正式的程序过程还在研究发展中，通常采用下列步骤。

① 管制员提供当前或计划的运行需求，以及他们使用新的工作站的情形，这些统称为运行要求。

② 管制员和系统、设计及人为因素工程师一起描述完成运行要求所必需的功能类型。例如，如果将冲突决策咨询功能定义为一个运行要求，那么这个团队就要定义决策应怎样显示给管制员。

③ 评估技术，确定哪些功能可按时间表完成。需要进一步提高技术才能实施的功能作为预先计划，这样可形成一个原型，进行初步评估。这个原型可以是初步的工作站设计的一个实

物大模型。

④ 根据运行要求可得到任务列表。任务列表描述为完成提出的功能所必需的任务的数量和类型。任务类型包括计划、数据输入、信息接收、口头协调及决策。完成任务时将管制员任务和提供给他们的信息用草图画出来,这样有助于判断是否提供了足够的信息给管制员完成这项任务。

⑤ 将任务按执行顺序放在运行场景中。任务顺序可按任务完成需要的时间和可用时间排序。通过检查感觉器官(如视觉或听觉)是否利用不够或负担过重的程度,任务信息可以预估管制员的工作负荷。如果模拟设备可用,可以收集实际任务数据以进行工作负荷和运行适应性预测。

⑥ 基于分析和仿真测试,可以得出最后结论,确定哪些任务应分配给管制员(例如,使用输入设备和通信设备),哪些任务应分配给机器(例如,数据归纳和显示)。

⑦ 如果上述步骤已完成,根据任务分配,系统工作站设计要求也就自然而然有了。例如,如果将某一项任务分配给管制员,那么工作站应为管制员执行该任务提供某种手段。

软件设计已允许更多的功能放置在工作站显示器上,而无需管制员使用硬件开关和旋钮操作。以下是设计工作站的一些指导方针。

① 避免键盘和辅助键盘上的键的功能过多。有3个或4个不同功能的键会使管制员混淆,尤其是在应激的情况下。当管制员使用与这些键有关的功能时,这种混淆会使管制员出错率增高。

② 确保标牌可理解。管制员使用标准的或熟悉的标牌缩略语,并设置转换标签,使它们清晰可见。不清楚的标牌会使管制员输入出错,且增加搜索时间。

③ 保证键盘和工作站操纵器的背景灯光一致。比键盘或指示器暗的操纵器,在光线暗淡时难以辨认和使用。

④ 将经常使用的操纵器布置在易于获取并看得见的位置。在需要采取行动时,位置放置不当的操纵器和指示器可能会造成延误。工作站布局设计,在考虑优先顺序时,应包括空中交通管制员。

⑤ 根据操纵器与人之间所交换信息的重要程度,将最重要的操纵器布置在离操作者最近或最方便的位置。对操纵器的误操作,可能会带来巨大的经济损失或危害,因此对该操纵器观察和控制就十分重要,但不一定频率高,所以可将其安排在最合适的位置。

⑥ 根据人操作机器或观察显示器的顺序规律布置机器,这样可以缩短人在观察和操作机器时所移动的距离,缩短看管的时间周期,提高看管效率。

⑦ 根据操纵器的功能,把具有相同功能的操纵器布置在一起,这样便于操作者记忆和管理。

⑧ 工作站的物理尺寸应与使用它们的管制员一致。人的身高、腿长和手伸出能达到的距离等物理尺寸是不一样的。如果忽视这些物理特性,有些管制员可能就不适应工作站或够不着工作站操纵器。

⑨ 管制员对新设计或升级的工作站的接受度或满意度很重要。如果工作站组织得很好、很方便,那么管制员可能更容易接受一些。工作站设计中的缺陷还会带来更严重的问题,如应激、疲劳甚至生病。在工作站设计中应考虑管制员的认知和情绪等心理特性。

7.2　工作站显示器、操纵器设计

7.2.1　显示器设计

1. 视觉显示器

视觉显示器结合了 SHEL 模型的所有方面——观看者(人)、照明(环境)、显示器的物理外观可调节性(硬件),以及它们的信息内容(软件)。视觉显示器设计应考虑人的视觉、信息处理和理解等方面的能力。

① 视力。对于所有需要看显示器的管制员来说,即使在设备老化并将要更新的时期内,显示的详细信息也必须清楚可见。在工作空间设计时应设定显示器上所有信息的观看距离,并根据适用的观看距离来检查各项显示信息的设定要求,确保在可能发生的最不利条件下,即使管制员的视力为允许的最低标准,也能看清楚各项显示信息。

② 前景和背景信息。显示交通平面图的空中交通管制电子显示器可描述两大类信息:静态背景信息(如航路、海岸线、限制飞行区和距离环等)应存在,但不能突出,其描绘应使用区域填充,非饱和的颜色(如果使用颜色的话)和低对比度;动态的前景信息可变化或移动,其中大部分(包括标牌)与单一的一架航空器相关,动态数据与背景之间的亮度对比率约为 8∶1。

③ 颜色。如果使用颜色,通常应使用柔和的、非饱和的颜色。饱和的颜色,因为会破坏视觉,应仅用于至关重要的和临时的信息;此外,饱和的颜色也不适合各项尺寸小的视觉信息或区域。有的饱和色(尤其是蓝色)会诱发色差之类的问题,不应使用。所有的颜色,包括饱和度高的颜色,都必须满足亮度对比的要求;否则,不管它们有什么特点,为了适合运行,都必须弃用。为避免混淆,所选用的颜色相互间应明显不同,而且为了在话语中提及时不会有含糊的语义,都应有明确的名称。管制员应进行色盲测试,以确保他们全部都满足色觉要求;但所选用的颜色必须容许个别管制员色觉方面允许的缺陷。

④ 符号、字母和数字。确定符号、字母和数字的最小尺寸和可接受的设计方案及它们之间的最小间距,应当应用信息和背景亮度对比、环境光线、符号、字母和数字生成的方法、有关可认读性的人体工程学建议和最低视力标准等方面的知识。这方面的设计要求不能让步。许多动态空中交通管制信息是以符号、字母和数字的形式表示的,其可认读性取决于它们的生成方式。在现代的设备上,符号和标牌信息最低约 3 mm 的字符高度应当是令人满意的。对于旧的设备或不利的观看条件,比如,过强的环境光线,可能需要增大字符尺寸来进行补偿。同一标牌上的大写字母、数字的最低行间距应是字符高度的 30% 左右;屏幕上的连续文字的行间距不应小于字符高度的 60%。一行中相邻字符的视觉间隙最小应当是构成字符笔画粗细的两倍。如果字符的大小当作代码使用,应只使用两种尺寸,而且两种尺寸间要有明显的不同。图 7-1 展示的是雷达屏幕上显示的符号与颜色。

⑤ 显示器的位置。环境中显示器的位置对信息的可视性有很大影响。例如,悬挂式的位置和角度可调的显示器,可以用来控制环境反射。

⑥ 显示器平面。视角很小的时候,传统的球形屏幕 CRT 会出现光学畸变。空中交通管

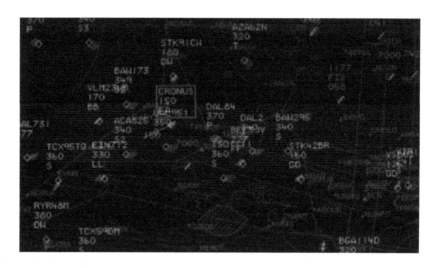

图 7 - 1　雷达屏幕显示

制环境要求使用平面显示器。

⑦ 显示器屏幕范围。在不影响指令发布的情况下,将雷达屏幕的显示范围调大,使繁忙区域得以更集中地显示出来,避免管制员的遗漏。

⑧ 指针式仪表显示。对于指针式仪表,要使人能迅速而准确地接受信息,就必须使刻度盘、指针、字符和彩色匹配的设计与选择适合人的生理和心理特征。例如,多针式指示仪表,表面上看似乎减少了仪表个数,实际上由于指针不止一个,增加了误读的可能性,其错误反应超过 10%。因此,设计指针式仪表时应考虑工效学问题,其主要参数设计时应考虑包括刻度的形状是否合理,刻度盘的刻度划分、数字和字母的形状、大小及刻度盘彩色对比是否便于监控者迅速而准确地识读。

⑨ 其他要求。空中交通管制信息的视觉代码还需要满足更多的要求。各种形状必须可以目视区分,并要有口头能说明的明确名称。人的视觉限制必须得以确认,例如,因为小的符号不易根据颜色区分,所以颜色代码不适于非常小的区域;因为环境光线会改变显示颜色的外观,所以它不应当有颜色;环境光线不能亮得难以看清显示的信息,也不能暗得难以阅读其他重要信息(如印刷材料上的信息)。

2. 与共用显示屏有关的几个因素

当一群管制员必须常看同一信息时,大型显示屏就很有用。另外,空间的限制也可能会去掉单个的、显示同样信息的显示器。设计共用显示器时的主要因素包括视角、视距、图像亮度、显示信息的控制。

① 视角。只有当显示器允许所有要使用该显示器的管制员没有视觉障碍地观察该显示器时,才能使用大型显示屏。这一限制包括:在显示屏前走动的人,以及因为显示屏安置在一个繁忙的过道前所引起的信息模糊。

② 视距。显示屏离观察者的距离不能超过显示器分辨率所允许的距离。对于大型显示屏,因为视距更远,所以字符应比依据推荐视角所得标准显示大小要大。另外,显示屏离任何观察者的距离不能小于显示屏最大尺寸的 1/2。

③ 图像亮度。整个显示屏上图像亮度应一致。人眼可容忍一定的不一致,但显示屏最亮的部分不能超过最暗的部分亮度的 3 倍。如果使用的是投影,作为视角函数的屏幕最大亮度不能超过最小亮度的 4 倍。

④ 显示信息的控制。显示信息的控制设计,应使重要信息不会被无意中修改或删除。共用显示器信息应由指定的人员按预先编好的程序操作。不管显示控制如何设置,对经过训练的观察者来说,显示信息的内容应很明显。例如,对于包含几架飞机到达和起飞时间信息的大型显示屏,显示某航班到达时间比正常时间晚的图例应该可以很明显地从屏幕上看出来。管制员浏览信息时,应不需要看控制面板设置来指出航班将比预计时间晚到达。还有,进近管制员没有必要注意 10 200 m 飞越的航空器,像这种不必要信息需要删除。对于已移交的飞机在屏幕上的编码,也可删除,避免干扰。

7.2.2　与工作站中操纵器设计有关的人为因素

程序完成的速度和准确度与操纵器的逻辑安排有关,其中包括软件生成的操纵器。操纵器的设计和安排应支持管制员完成运行程序的自然动作顺序,安排应基于完成所需功能必需的子任务或程序。

以下是应考虑的几个主要的人为因素问题。

① 操纵器的可见性。

② 操纵器之间的间隔。

③ 识别因素,包括控制器的相似性和物理位置上靠近的程度。

④ 用户的期望。

⑤ 健康和安全。

⑥ 标准化。

⑦ 灵活性。

1. 操纵器的可见性

为了使空中交通管制工作站有效运行,操纵器的可见性是必要的。根据管制员眼睛的位置安排的操纵器,可见性是最佳的。管制员是坐着或站着等因素都会影响眼睛位置。这些因素使设计者将操纵器和显示器安置在既能获得最佳可见性,同时又能控制太阳光反射的位置。图 7-2 展示了一个坐着的管制员的可见范围。

2. 操纵器之间的距离

操纵器的安排应保证它们之间有足够的空间,以方便管制员操作。如果扳钮开关等操纵器需要抓握,就需要更多的空间。靠得太近的操纵器,无意中触动某个其他操纵器的可能性增大,或很难触动准备触动的操纵器。最小间隔取决于操纵器的类型和其他几个因素。根据美国国防部(Department of Defense,DoD)(1989)的建议,对于手动操纵,操纵器之间的最小间隔为 10 mm(约 0.5 in)～50 mm(约 2.0 in)。影响操纵器之间的距离的因素包括手的尺寸和宽度,这一点每个管制员都不一样,手较大的管制员需要更大的空间触动硬件操纵器。

影响软件生成的操纵器之间的间隔的因素包括滚球或触摸式屏幕等输入设备的灵敏度,以及作为控制标签或符号的图例或图标的清晰度。出于安全考虑,某个重要的操纵器和其他

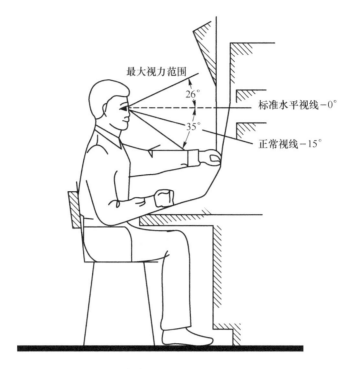

图 7 - 2　坐着的管制员对操纵器和显示器的可见性

次重要的操纵器之间,还应额外增加距离。

3. 识别因素

安排操纵器时,识别因素也有一定影响。逻辑上相互关联的操纵器,按顺序使用,或在其他方面有相似性的操纵器,应安排在一起。另外,如果可行的话,控制各显示器的操纵器应安排在靠近显示器的位置。提供物理上的边界,如蚀刻线,可以提高操纵器的识别和使用。

4. 用户的期望

操纵器的使用应与用户以前的使用习惯保持一致。在美国,人们习惯按一下开关弹上来表示打开开关,按下去表示关掉开关。在英国,人们的习惯正好相反,按下去意味着开,弹上来意味着关掉。同样,在美国,人们期望顺时针转动开关会使能量增加(如电力、明亮度、压力等)。在设计中应考虑到自己的国情和习惯,违反这些期望的设计会增加造成事件和事故的危险。

5. 健康和安全

在工作站设计中,管制员的健康和安全应放在首位。新设计或升级一个工作站或工作点时,应进行危害分析。安全危害包括工作面的尖角或凸出部位,或可能增加管制员出错可能性的操纵器和显示器布局。工作站设计中的这些缺陷会引起眼睛疲劳甚至疾病。工作站设计不良导致疾病的例子之一是腕骨综合征,它是由于工作站中重复性的弯腕动作过多造成手腕的中枢神经的损伤,症状包括麻木、抓物不牢、丧失手功能。合理设计可以减少管制员出现这类疾病的可能性。另外,视频显示器发射的电磁波应降低到最小,尽量减少对健康的损害。

6. 标准化

系统标准化有很多好处,包括减少新系统的训练时间,从一个空中交通管制单位转换到另一个单位时管制员出错的可能性低。标准化还可以减少开发共用软件从而节省成本,还可以减少后勤支持。但是,新系统或升级系统的设计者应记住,不能为了标准化而实施不合理的设计。例如,从后勤和标准化的角度来看,镜像操纵器布局可能很好,但从运行角度来看,可能导致混淆,并增加出错可能。各单位标准化的要求可能会与单个单位的需要冲突。

7. 灵活性

可调整显示器可以将灵活性融入设计中,特别是架在高处的显示器显示屏应可以倾斜。操纵器和显示器的可调性可提高管制员的表现,使管制员工作更舒适。在布局满足功能适应性的前提下,灵活性是空中交通管制工作站设计的另一个主要目标。例如,操纵器的安排应使习惯用左手和习惯用右手的管制员都能使用。

7.2.3　评估工作站操纵器和显示器运行适应性的物理标准

工作站操纵器和显示器的设计和布局通常都要权衡考虑,因为不是所有的操纵器、显示器和指示器都能放在最佳位置上。因此,决定操纵器和显示器位置时,评估和安排优先顺序是必要的。通常,优先级别高的操纵器应尽可能靠近管制员,优先级别高的显示器和指示器应放在中间的位置。以下是评估操纵器和显示器的物理(与认知相对)方面的三个主要标准。

① 操纵器、显示器、指示器及它们相应的标签的可见性。

② 操纵器之间的距离,保证操纵器间有足够的间距抓握和操纵,预防意外的触发。

③ 不需要过度的肩部活动和/或弯背就可以触到操纵器。

为了评估这些因素,应使用人体测量学获得工作站间的适当的物理尺寸,以及使用工作站的管制员的不同尺寸。例如,一个坐着的管制员的眼睛位置与管制员的躯干和脖子的长度有关。通过测量数据形成的分布可对不同管制员的这一尺寸进行评估。从分布可以确定管制员坐着时眼睛的平均高度,以及极限高度。设计者可使用这些尺寸安排操纵器和显示器。一种典型的设计目标是使工作站的设计适合 90% 的用户,其中,包括 5% 的女性和 95% 的男性。

7.2.4　键盘与滑鼠的设计

1. 键盘

目前,雷达使用的键盘有两种,一种是普通键盘,另一种是特殊键盘。

普通键盘即目前个人计算机所用的 101/104 标准键盘,这种键盘的优点是普遍易学、只要有计算机基础就会使用,无须专门学习;缺点在于调用雷达功能时,需要逐级调用功能菜单,既费时又易出错。

特殊键盘是专门为使用雷达而特制的,它的字母键、数字键排列与普通键盘都有所不同,另外还有许多功能键,每个键代表雷达的某一功能。这种键盘的优点是雷达功能可以直接调用,方便快捷;缺点是使用者要专门学习键盘的使用,不熟悉时容易出错。

特殊键盘通常放置在雷达屏幕旁边,单手即可操作。普通键盘通常放置在写字台上,需要时使用。两种键盘相辅相成,如何使用视具体情况而定。

2. 滑鼠

滑鼠可以用于选取飞机、单击菜单等需要。目前所用的滑鼠有两种,一种是鼠标,另一种是轨迹球。

鼠标定位准确迅速,拖放操作方便,但使用空间要求比较大;轨迹球使用空间固定,不必做大的移动,但不容易选准目标。图7-3展示的是轨迹球。

图7-3 轨迹球

这两种滑鼠各有所长,但考虑到工作台空间狭小,目标移动不快,建议使用轨迹球。由于大部分人是右利手,可将轨迹球放置在雷达屏幕右边,与特殊键盘整合在一起,便于管制员操作。

7.3 管制室工作台和座位的设计

工作台和座位的设计应考虑管制员对空间、接近设备及舒适性的要求。这些要求以各种数据形式反映给设计者。管制室工作台和座位应从运行的角度进行全面的评估。图7-4展示的是雷达管制工作台。

图7-4 雷达管制工作台

7.3.1　设计管制室工作台时所需的数据

管制室工作台设计所需数据主要有两类。

① 人体测量数据，即描述操作者的手、肢、躯干的尺寸和长度及使用者其他的物理特性。人体测量学测量的是人体标准化物理尺寸的范围和分布，并综合所有特征的各方面，尤其是人体与环境。相对于不同的身材，工作空间的有关方面需要有可调节性。要么工作台可调节，如上下移动架板，要么管制员的座椅高度可调，要么都是可调的。前面的架板应薄，以确保每位坐着的管制员有足够的空间放大腿。操作席下面应提供充裕的空间，方便坐着时伸腿。

② 任务数据，即描述完成空中交通管制操作所需任务的类型、数量和合理的任务顺序。一旦定义了任务，空中交通管制控制台可以为空中交通管制运行提供最合理的任务顺序。

1. 人体测量数据

空中交通管制环境中任何人体测量设计过程的最低目标是保证为管制员提供足够的空间、舒适性，以及易于接近工作站操纵器和显示器。

第一，确定整个空中交通管制系统（工作站是系统的一部分）的运行要求。运行要求规定了工作站所需的功能，可为工作站中的旋钮、开关、按钮及设备的类型和数量提供设计选择。第二，确定用户群。通过对工作人员主要物理尺寸的调查完成用户群定义。第三，确定有多大百分比的工作人员使用工作站会比较舒适，进而增加一些设计的限制，即确定一致同意的设计限制。如上章节所述，典型的设计限制是 5％ 的女性和 95％ 的男性。第四，得到初步的工作站和工作空间的设计方案。第五，设计者和人为因素专家可以利用专门设计的计算机程序，对适合工作站的工作人员，测试新设计工作空间的可达性和间距。

需要升级的工作站，常制成全尺寸的模拟工作站。模拟工作站的物理尺寸和工作站类似，通常还包括新工作站的灯光系统，它可以简单地用泡沫为核心材料制作。一旦模拟工作站建成，就可以完成可达性、间距及视觉人为因素测试。

2. 任务数据

从现行空中交通管制工作台收集的任务数据有助于新系统满足运行适宜性要求，其中任务类型、次数和顺序允许设计者预测空中交通管制任务会在哪里堆积起来，因此任务数据是确定管制员工作负荷的基础。

任务数据收集方法包括空中交通管制模拟练习的录音带和与管制员会面等。为了提供适当的数据，要仔细选择数据收集方法。如果控制台完全是新设计，初始任务数据可能只能根据图画、计划或程序进行推断，管制员可根据他们的运行经验对新设计进行评估。如果有原型的话，可进行更多的精确测试。

以下类型的任务数据可为设计者提供有用的指导。

① 与某特定操纵器、显示器、指示器有关的任务的使用频率。

② 与某特定操纵器、显示器、指示器有关的任务的危急程度。

③ 用某特定操纵器、显示器、指示器完成控制或显示操作的预计次数。

④ 任务之间的关系或联系。

一项空中交通管制任务的危急程度和频率不一定有关系。例如，表明飞机被劫持的告警一般很少出现,但这是非常重要的信息,必须有特点且易于识别。因此,独立收集这些任务很有用,可通过综合任务的频率和危急程度来确定最重要的空中交通管制任务。如果设计组觉得任务的频率或危急程度中某一项更重要一些,可用加权因子综合频率和危急程度。不同的方法所得任务等级不同。无论如何,设计时考虑实际任务数据越多,新系统运行适宜性越高。

列出任务清单后,就可分析这些任务是如何相关完成的。人和控制台组件之间的关系可定义为联结。以下是几种典型联结。

① 通信联结:目视,听觉,口头。

② 运动联结:眼睛运动,手运动,脚运动。

建立联结后,就可以用空间操作顺序图来作图示了。

7.3.2 工作台外形

工作空间的设备外形应避免干扰,突出主要活动,减少由任务设计造成的主要头部运动的频率和幅度。如果经常需要的信息不能显示在同一屏幕上,应在临近的屏幕上显示,而且相互关系要明确。在同一工作空间内,不同的、常用的信息显示器之间的亮度不应有总体的视觉差异。

作为环境的特征之一,工作台外形必须满足管制员队伍所有身材的人机工程学要求。如有必要,有的平面可做成可调节式的。工作台外形必须能够促进工作台内硬件及其相关软件的有效使用。各主要显示器的平面应与繁忙时管制员的正常视线基本垂直。繁忙时管制员通常会向前坐,而不会向后坐,因此,使用的人体测量学数据应对弯腰驼背者修正,建立正常的眼睛位置、观看角度与距离和触及距离。

对于整个管制队伍来说,所有任务的操纵器必须在建议的触及距离之内。实际的建议触及距离会根据操纵类型、触摸或抓握的方式而有所不同。频繁或不断使用的操纵器应处于管制员前面的最佳操纵位置,所处的工作台架板应是水平或几乎水平的,这里的架板可支撑手臂或手,从而有利于防止疲劳。较少使用的操纵器,如设定操纵,可置于工作台的垂直平面,尽管这样手臂没有支撑,操作累人。

7.3.3 管制室座位应具备的特性

1. 座位设计的指导方针

① 臀部应支撑人体绝大部分重量。

② 大腿应尽可能少承受压力。

③ 座位应支持背部较低的人。

④ 脚应可以放在地板上。

⑤ 坐着的人应可以改变姿势。

⑥ 座椅可充分支持各种体型的人。

⑦ 座椅应当移动方便,最好是装有大的脚轮,这样才不会卡在地板缝隙之中。

⑧ 相邻管制员之间两个座位中央的间距不小于 650 mm。这一点非常重要,它使管制员离开或进入工作席位时不至于干扰邻座。始终有人坐的席位,尤其在有扶手的座椅之间,建议

有不小于 750 mm 的间距。

2. 特征符合座位设计原则

① 兼容性。座椅可充分支持各种体型的人。

② 垂直可调性。座椅应当可调节,以适应管制员一定的可接受身材范围。增量不超过 25.4 mm(in),而座位高度可在 381～533 mm(15～21 in)范围内进行调整。

③ 靠背。座位靠背可以放置为 100°～115°,可充分支持背部较低的工作人员。靠背使管制员身体活动不超过 76.2 mm(3 in),就可使眼睛调整到视觉显示中所建议的位置。

④ 垫子。靠背和椅子都加上至少 25.4 mm(in)填充物的衬垫。

⑤ 扶手。建议座椅配有扶手,并且应当是可调节的。座椅扶手应当容许相邻座位间建议的间距,这样管制员离开或进入工作席位时才不至于打扰邻座。手臂扶手宽 2 in,长 8 in。

⑥ 座椅应当移动方便,最好是装有大的脚轮,这样才不会卡在地板缝之中。

⑦ 相邻管制员之间座位中央到座位中央的间距不小于 650 mm 是很重要的;始终有人坐的席位,尤其在有扶手的座椅之间,建议有不小于 750 mm 的间距。

7.4　管制席位的设计

各管制员的工作间根据工作和任务被组合为操作席。每个工作席位必须包含完成该席位全部职责所需的所有设施,包括信息显示、数据输入装置和通信设备,并且这些设施都必须满足人体工效学所要求的可触及距离和可观看距离及易达性。图 7-5 展示的是空中交通管制席位。

图 7-5　空中交通管制席位

7.4.1　席位的数目

管制室里的席位要求至少有两个——管制席与协调席,席位的数量主要考虑空域内的交通流量与管制员的心理负荷是否匹配。

随着时段或季节的变化,有些地区的空中交通流量变化很大,空中交通管制可能需要通过开辟或关闭席位,分摊或合并工作来解决这种变化,并允许员工人数的总体变化。这可以根据交通情况,以不同的方式来解决。一个管制员所负责的扇区的面积可增大,可减小;或者区域内的扇区可合并,可分离。操作席的布局应当允许员工数量顺畅有效地变化,各工作间的软、硬件必须适合任务和工作能够按计划地分离与合并。无论员工数量如何,监察员都需要能看见所有的工作间。某些工作间可能要求持续地被占用,因此它的设计应当满足这样的要求。

7.4.2 席位间的距离

管制席和协调席要求密切合作,有许多信息需要交换,因此两个席位之间应该有一个合适的距离不能相距太远。这个距离的一般要求是使两者的操作范围有所重叠。对坐姿操作者而言,操作的范围是左右 75 cm,前方 50 cm,所以管制席与协调席之间的间隔距离建议为 65~70 cm。任何设计给相邻管制员共用的设施必须同时满足双方的人体工效学要求。例如,如果两个管制员偶尔要共用同一输入装置,该输入装置就必须满足双方的触及距离要求,供多个管制员观看的显示器必须满足所有人的观看距离和观看角度要求,任何公用的壁挂式信息显示器,从每一个需要的工作席位观看都应当清楚、舒适,并且所有的管制员都能够面对显示器。如果没有公用的壁挂式信息显示器,操作席可以组合在一个房间之内,这主要便于各操作席之间的任务分担、通达、监督和通信要求。所有操作席都不得阻碍任何管制员观看到重要信息,而且所有的操作席都要避免眩光和反射。当操作席的布置为小组式而不是单排式时,这些要求就会变得难以满足。

7.4.3 席位上的人员

席位上的工作人员的安排应视当地的具体情况而定,一般来说应该是新老管制员交替安排。另外,安排上岗的人员还要考虑每个人的心理特点、与其他人员的配合程度、当天的精神状态等。合理安排上岗人员可以减少管制员的疲劳,提高管制效率。

7.4.4 席位的排列

传统线性布局是把席位设置成一条直线进行摆放,每个席位设置一个管制席和一个协调席,如图 7-6(a)所示。而随着航班流量和管制人员数量的增加及管制工作的精细化要求,一些地区的管制席位的数量也逐年增加。在一定的空间内,需要更多的管制席位,同时还要便于管理,因此使用 U 形布局是非常合适的,如图 7-6(b)所示。U 形布局能够有效地利用空间,容纳更多的席位,席位之间能够有效地共享信息,扇区之间能够留有合适的距离,避免互相干扰,同时带班主任作为管理者也能有效地监控到更多席位,开展管理工作。

7.5 通信设备的设计

任何怀疑通信质量与空中交通管制系统的成功关系紧密的人,只需看看 1991 年纽约发生的通信开关转换问题造成的后果就会打消怀疑,整个东海岸的空中交通管制被打乱,航班延误数小时(Roush,1993)。空中交通管制单位管制员端的人机工程设计的好坏将支持或削弱管制员与飞行员及其他单位管制员的通信。

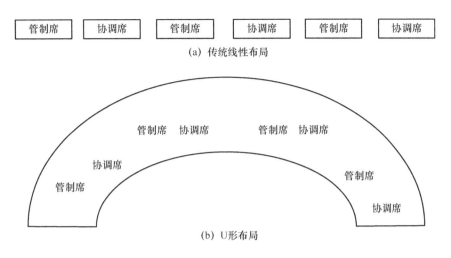

（a）传统线性布局

（b）U形布局

图 7-6　传统线性布局与 U 形布局

7.5.1　语音发射设备设计中的主要人为因素建议

语音发射设备设计中的主要问题是可理解性和环境噪声的影响。因为可理解性取决于语音频谱中 200～6 100 Hz 部分,DoD 和美国航空航天局(National Aeronautics and Space Administration,NASA)指导方针建议麦克风和有关系统输入设备应设计在这一语音频谱范围内的语音反应最佳。如果系统工程限制范围更小,250～4 000 Hz 是最小可接受的频谱范围。另外,所有频谱反应带宽和振幅变化量都不能超过±3 dB。采用放大器的麦克风应有一个动态的范围,使得输入信号变化至少 50 dB 时可获取信号。

减少语音传输中噪声影响的技术有增大信噪比及剪辑语音信号的高峰(如剪辑振幅最大值)两种。当增大语音信号不可行时,可采用摘录语音信号的最大值。

剪辑峰值的目的是增大辅音的强度。这是我们期望的,因为与辅音相关的低振幅波形比与元音相关的高振幅波形更易受噪声的干扰或屏蔽。如果语音通过峰值剪辑器,得到的信号是放大到了可接受的强度等级的语音,语音易受噪声干扰的部分将得到保护。

其他技术也可提高传输语音的可理解性,包括:通过使用可以将噪声排除在麦克风外的噪声遮蔽器,喉式送话器,压力梯度麦克风。这些技术各有其优缺点。

麦克风和耳麦的校准需要使用伏特计、声级测量计、声音耦合器、频谱分析器等仪器。设计时应将麦克风和耳麦之间的回声隔离,以排除器叫和回声的问题。

7.5.2　语音接收设备设计中的主要人为因素建议

耳麦和扩音器设计中的主要问题是保证可理解性(例如,收听者能明白传输的信息)。耳麦和扩音器应考虑的频率范围应与上面麦克风和传输设备相同(如 200～6 100 Hz 或最小范围 250～4 000 Hz)。

相关问题是馈送到耳麦的多频道语音的反应能力,例如,管制员要同时监听几个语音频道。这些频道应"对 100～4 800 Hz 范围的语音做出同样的反应(±5 dB)"。当扩音器用于多频道监听时,有必要采用某种过滤方案帮助听者区分各频道。

语音信号没有使用峰值剪辑器,但发送设备确实使用了语音加重。对于接收设备来说,只有当减弱语音能提高可理解性时,才能减弱语音以补足语音的特征。

反馈的噪声应加以控制,以避免其影响正常的语音通信。与此类似,为避免增加传输量及削弱飞行员和管制员间的通信,卫星传输导致的延误应尽量减到最小。

对说话者口头输入的再现,如从耳麦听到的声音,应与实际的输入同步。否则,说话者的输入会受到不同步的次要语音的干扰。耳麦接收说话者的次要语音不应经过过滤或修正。

如果听者在高环境噪声(85 dB 或更高)(一般驾驶舱里如此,空中交通管制办公场所不会)下工作,那么建议使用双声道耳麦,不要使用单声道耳麦。除非有其他运行要求,采用有线双声道耳麦,这样到达两耳的声音相位相反。研究表明,对于双声道语音和噪声,当两耳语音和噪声相位相反时,语音的可理解性最好。

任何允许听者区分语音和噪声的程序都有助于提高可理解性。语音可理解性可用以下几种方法测量。

① 美国国家标准研究所(American National Standards Institute,ANSI)测量语音平稳(PB)的单音节词的可理解性的方法(ANSI,1960)。按比例从日常语音中采样让听者复述单词,对听者复述的准确性打分。

② 改进的韵律测试(MRT)。提供一对押韵的词(如 coat - goat),根据听者判断所听到的是词的准确性打分。

③ 清晰度指数(AI)。这种方法采用了获得语音可理解性间接指示的程序(ANSI,1969)。AI 算法很复杂,此处不再讨论。一本广泛使用的书(McCormick and Sanders,1982)中用例子详细介绍了这种方法。

当测试灵敏度和精确度高时,应采用 ANSI 标准方法;如果测试要求没有这么严格,或者ANSI 方法要求的时间和训练不能满足时,可采用 MRT;AI 计算可用于对系统可理解性进行评估、比较和预测。系统的 AI 越高,听者能正确理解系统的词汇的比例越高。例如,AI 指数为 0.47 时,1 000 个单词中听者能正确理解其中 75% 的单词;256 个单词中 90% 的词听者都能正确理解。

空中交通管制环境对可理解性要求特别高,以下是各种方法的最低可接受分数。

① PB,0.9。

② MRT,0.97。

③ AI,0.7。

用百分比给出的分数表示听者正确理解语音内容的程度。AI 分数可理解为"一种典型的语音频谱和背景噪声频谱之间的差异的指数和"。AI 低于 0.3 的语音通信系统将造成语音信号难以理解,且易混淆。

7.5.3 耳麦和语音控制设备的设计

为管制员提供听觉信息的空中交通管制设备中重要的部分是目前所用的耳麦。接受输入的耳机和进行输出的麦克风组合就是耳麦。图 7 - 7 展示的是空中交通管制头戴式耳麦。耳麦的麦克风部分应设计在人的语音频谱范围内(最好 200～6 000 Hz,最小可接受范围是250～4 000 Hz)。输入的听觉信息应既提供给耳机,也提供给耳机外面。双声道耳机对空中交通管制有两个好处。第一,它们可用于信号从一只耳朵转换到另一只耳朵,可比信号同时提供给两耳能更有效地警告管制员。第二,当两个听觉信号、信息同时出现时,双声道可用于防止屏蔽。例如,来自飞行员的语音通信可以通过一只耳朵传送给管制员,而告警信号可以传送到另一只耳朵。

图 7 - 7　空中交通管制头戴式耳麦

为了尽量减少听觉信号同时出现,在可行的情况下应有一个告警/信息优先系统,以确保信号和语音信息每次只提供一个。同时,相关的或备份的告警/信息应综合工作,例如,指示一个复杂系统故障。

听觉设备的某些方面应由人控制,而不是由计算机控制。对于只要问题存在就一直响的语音信号,管制员应该可以关掉它。但是,轻易就能关掉告警信号会增加管制员错误。如果过了很长时间问题还没有解决,计算机应再次警告管制员。一个信号不论什么原因停止,计算机应自动重新设置,这样当问题再次发生时,告警信号还会发出。关掉语音告警信号不应抹掉相关的视觉信息。

重复的信号或无限制持续的信号应仅用于很少出现的紧急情况;否则,它们会使管制员烦恼,并可能使管制员养成随便关掉告警的习惯。

通信设备的另一个问题是输入语音信息的音量,因为年龄、噪声等因素会降低人的听力感知能力,所以管制员应该随时可以调整音量。响度控制的量很大程度上取决于设计。如果声音强度有相关的设计,那么信号强度应保持不变,以保持它的意义。音量调整机制应防止管制员将听觉设备调到听不见。如果信号用于提示管制员的计算机输入错误,管制员应该控制关掉 beeps 声音,或转换为视觉提示。

7.5.4　为了管制员的舒适和便利,通信设备设计者应遵守的规范

管制员使用的头戴式耳麦或其他通信设备应该很舒适。耳麦应设计为没有裸露的金属部位接触到管制员的皮肤(DoD, 1989;NASA, 1989)。戴眼镜的管制员不能因为头戴式耳麦感到不舒服。正常工作情况下,麦克风、头戴式耳麦和电话耳麦应允许不用手操作(DoD, 1989;NASA, 1989)。

电话听筒应该很容易拿到。如果需要多个听筒,经常使用的或最紧急的听筒应该最容易拿到(DoD, 1989)。

7.5.5 语音通信设备应提供的运行控制

建议的控制方式有以下三种(DoD, 1989)。

① 音量控制。音量控制最好与电源控制(开-关)分开。音量控制应限制在某一个可听得见的音量以上,以免管制员无意中将音量调得太小;且当使用两个耳机时,它们应至少可以承受 100 dB 的声压。

② 抑制控制。连续监控的通信频道应该有一个信号-激活转换设备(抑制控制),即在非激活阶段抑制频道噪声;但当检测到信号很弱时,管制员应该可以用开关手动关掉抑制器。

③ 脚-手操作控制。对坐着的管制员,应提供脚踏板"说-听"或"发送-接收"控制开关;对站着的管制员及紧急情况下应提供手动操作控制。

评估脚操作设计方案应包括收集实验者的反应时间、操作速度、需要的力量及个人的态度等数据。在空中交通管制中使用脚操作可能有些争议,因为它们可能会限制管制员的姿势,从而引起疲劳。要求管制员使用脚踏板前,应解决有关的人为因素问题。这些问题中最主要的可能是工作人员的可接受性。设计方面的问题包括脚踏板的支点(直接影响激活时间)的位置,以及脚踏板与其他操纵器及与坐着的管制员的布局。

7.6 其他设备

7.6.1 气象信息显示器

气象信息显示器可以反映实时的风向、风速、风压、修正海压、温度等气象信息,这些是管制员发布着陆许可的依据。该设备应做成一个整合的显示面板,逐行显示各种信息,要求在各种照明下都能清晰可见,显示面板必须在头部转动不大时眼睛能注视到的范围内,可以放在管制席的左前方或工作台的上方。

7.6.2 标准时钟

管制员工作时对时间掌握非常严格,需要随时注意时间,因此时钟要求足够大,在管制室内任何位置都能清楚地看见。标准时钟应该有指针式和数字式两种,精确到秒,便于不同习惯的管制员观察。

管制室内应该有两套时钟,一套是当地时间,一套是国际标准时,但这两套时钟不要放在一起,应分开较远放置,以免产生误会。

7.6.3 进程单自动打印机

进程单自动打印机可以根据起飞报告自动打印出进程单,代替管制员填写,提高管制效率。打印机一般应放在管制席与协调席管制员之间,使二者都能够伸手可及。控制打印机的计算机应放在协调席上,并且可以与飞行计划显示系统、飞行动态显示系统结合起来,减少工作台的复杂度,也能提高效率。图 7 - 8 展示的是进程单打印机。

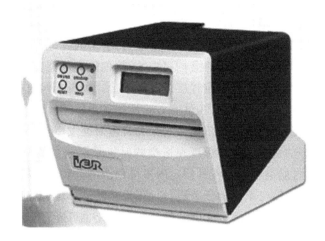

图 7 - 8　进程单打印机

7.7　自动化及未来航空系统(CNS/ATM 系统)中的人因工程学问题

自动化已经被逐步应用到航空系统之中。驾驶舱的自动化保证机动飞行的精度,提供显示的灵活性,实现座舱空间的最优化,从而增强航空器运行的安全,提高航空器运行的效率。现代空中交通管制系统都包含有自动化功能,过去几十年来在空中交通管制中引入很多感知、告警、预测及信息交换的自动化组件。例如,数据的采集和处理已经完全自动化而不需要人的直接干预。计算机化的数据库和电子数据显示器增进了数据的交换,彩色雷达系统的应用改进了管制手段,空中交通流量管理(air traffic flow management,ATFM)的计算机化已被证实为能有效地处理各种流量控制率和交通需求增加的重要元素。这些自动化系统有很多好处,而且已逐渐被管制员接受。

空中交通管理技术在不断变化。新的数据链和卫星通信在进化,雷达质量和数据处理水平在提高,防撞系统在不断改进,起飞机场与着陆机场之间代替曲线航路的直飞航线在探索之中,未来空中导航系统(包括 CNS/ATM 系统)也在研究和开发之中。这些进步改变了全球航空系统的程序和做法,改变了工作环境,改变了飞行员、管制员、签派员、飞机维修工程师等人员的角色,给所有有关人员提出了不可忽视的人因工程学挑战。人们不得不从安全、效率、成本效益和与人的能力与限制的兼容性方面考虑这种技术进步所提供的更多选择。所以,未来航空系统(包括 CNS/ATM 系统)的主要问题是自动化对人类操作者的冲击,以及先进技术如何被人类操作者所使用。未来科技发展的程度已经使得计算机(自动化)几乎能够完成空中交通管制和监视及航空系统中航空器导航的所有连续性任务。那么,这样的系统中为什么还需要人?设计出的自动化难道就不能完成人类操纵者的所有不连续的任务吗?未来系统中的自动化应当扮演什么样的角色,应当拥有多大的权威,如何与人类操作者交互,什么样的角色应该保留给人类?

航空系统由大量的可变因素构成,这些因素是高度动态的,也是不可能完全预测的。确保整个航空系统安全运行的正是对不断变化的情况所做出的实时反应。尽管人类离完美的感知者、决策者、控制者相差甚远,但他们仍然具有一些宝贵的属性,其中最重要的是,面对不确定的情况他们有进行有效推理的能力,有抽象思维的能力,有对问题进行概念化分析的能力。当面临新的情况时,人类不像机器一样可能会彻底失效,他们能应付突发情况并能够成功地解决问题。因此,人类为航空系统提供了一定程度的灵活性。这种灵活性,自动化的系统现在没有达到,将来也不可能达到。人是有智慧的,具有对新情况做出迅速且成功地反应的能力。人的反应在于眼、耳、话语的协调使用,在于依靠主动性和常理对突发事件的反应能力。自动化(计算机)依靠的却是安装好的正确程序来保证在适当的时机采取适当的行动。自动化设计者没有能力设计一个可以对付航空系统中各种假定的不可预测事件和情况的程序。环境的多变性也是无法控制的,这也是对航空系统的任务进行计算机化的主要难题。事实上,如果自动化遇到一个在程序中没有设定的情况,那么它就会失败。自动化也可能有不可预测的失效形式,系统或程序方面微小的偏差,都会导致必须实时解决的突发情况。1980 年,美国佐治亚州亚特兰大市终端空域的空中交通管制瘫痪,1991 年,纽约市的电信系统瘫痪,正是这种情形。对这些限制的考虑使我们不难看出,一个以自动化为中心的航空系统可以轻易地使整个航空基础结构发生灾难。因此,在航空自动化系统中,对系统的安全运行承担最终责任的人(飞行员、管制员等)必须是系统的关键元素,自动化和机器必须帮助人来完成总体目标,使得人的或技术的失效不至于导致灾难性的后果。

CNS/ATM 系统的开发寻求事半功倍,航空中的自动化也将不可避免地增多。因此,现在的问题不是要不要应用自动化,而是在什么时候、什么地方、以什么方式实行自动化,人们希望自动化不仅能增加容量,还能提高安全、效率,减少人员、可运行、维持费用并降低管制员的工作负荷。实现这些目标需要对新系统的设计与开发中的人为因素进行分析研究,考虑操作者和自动化交互的人因工程学问题,这样才可以保证系统安全。

▲课后习题

1. 空中交通管制系统中人与硬件的关系包括哪些方面?

2. 空中交通管制系统运行需求包括哪些方面?

3. 空中交通管制系统通信设计具体要求包括哪些方面?

4. 空中交通管制系统工作台设计具体要求包括哪些方面?

5. 思考一下未来空中交通管制系统设计需求都有哪些方面?

第8章 人与环境的界面

⚠️学习提要及目标

空中交通管制的工作环境由管制员工作的物理空间及工作站中的设备组成。管制员工作站指的是控制台、工作面、相关装置(如戴在头上的耳麦)及设备。工作站的设计对系统功能的使用是否方便影响很大。特别是,工作站的设计可以影响完成空中交通管制任务的速度和准确度。因此,工作站设计是否适当对整个空中交通管制系统的表现非常重要。

通过本章的学习,学生了解在工作环境和物理环境的设计中需要考虑影响管制员工作效能的因素,如房屋建筑、房间布局、管制操作席及室内装饰等。

通过本章学习,学生应能够:

(1) 理解空管系统设计中应该考虑的环境因素;

(2) 掌握在空管系统具体的环境设计中,应从房屋设计、布局、温度、湿度、新鲜空气等方面考虑;

(3) 了解实际空管系统在环境设计方面的一些案例,增强对人与环境的认同感;

(4) 了解空管安全文化。

8.1 工作空间设计

管制工作空间必须根据正确的人体工程学原则设计,以满足空中交通管制的所有要求。工作空间包括软件、硬件、环境等方面,也包括对人的考虑。工作空间设计最重要的目标是要适合用户,而不是用户适合工作空间。这个目标要求很高,因为个体差异太大了,但它还是可以实现的。

8.1.1 房屋建筑和布局

1. 房屋建筑

房屋建筑的布局应使维护和修缮对空中交通管制工作的影响程度最低,比如为大型维修设备提供方便的出入口。管制室内及其通道的照明不应有总体差异。通往工作空间的通道和工作空间本身的墙壁和天花板应使用吸音材料,地板应当有地毯,这样进出工作空间对工作所产生的干扰才能降到最低。

2. 房间布局

房间布局也是环境的一个方面。房间的布局应能容纳计划在此工作的最多人数,包括管制员、协调员、监察员和其他工作人员。工作空间内应有足够的空间对移交进行观察、在岗培训和评估,而不对管制员造成干扰和影响;应有足够的空间安放紧急情况时或者主用设备失效时使用的备份席位。安全设备应方便可及,不得受阻碍。

所有的管制和非管制任务应明确房间布局,这有助于这些任务的完成。如果空中交通管制工作站要求连续有人工作,管制室的布局应容许在定期维护和清扫时一些工作空间能保持运行。布局还应能容许其他非管制任务的进行,例如,检查设备、采集附加数据;容许那些可能在空中交通管制环境中进行的工作,例如,更改现行系统、筹备未来系统、进行质量保证或航空安全保证等。房间布局的原则是事先确定需求,而后设计房间布局以满足需求。

另外,为避免管制员工作受到来访者的干扰,房间布局应设计为使来访者既能看见管制员工作并获得讲解,又不影响工作本身。例如,墙上装有显示器的隔离房间或者与管制室隔音的观看走廊等。

3. 管制操作席

各管制员的工作间根据工作和任务而组合为操作席。操作席的设计包括环境、软件和硬件部分。每个工作席位必须包含完成该席位全部职责所需的所有设施,包括信息显示、数据输入装置和通信设备,并且这些设备都必须满足人体工程学所要求的可触及距离和可观看距离以及易达性。任何给相邻管制员共用的设施必须同时满足双方的人体工程学要求,例如,如果两个管制员偶尔要共用同一输入装置,该输入装置就必须满足双方的触及距离要求。供多个管制员观看的显示器必须满足所有人的观看距离和观看角度要求。任何公用的壁挂式信息显示器,从每一个需要的工作席位观看都应当清楚、舒适,并且所有的管制员都能够面对显示器。如果没有公用的壁挂式信息显示器,操作席可以组合在一个房间之内,这便于各操作席之间的任务分担、通达、监督和通信要求。任何操作席不得阻碍任何管制员观看重要信息。所有的操作席都要小心地避免眩光和反射。

有的地方的空中交通量变化剧烈,如随时段和季节的变化需要开辟和关闭席位、分摊或合并工作,空中交通管制应能容许员工人数的总体变化。这可以根据交通情况,以不同的方式来进行。一个管制员所负责扇区的大小可增大,可减小;区域内的扇区可合并,可分离。操作席的布局应容许员工数目顺畅有效地变化;各工作空间的软、硬件必须适合于任务和工作按计划地分离和合并。无论员工数目多少,监察员仍然需要能看见所有的工作空间。某些工作空间可能要求不间断地被占用,设计应满足这样的要求。

4. 塔台

在塔台环境中,所有的管制员必须能清楚看见所有工作所需的信息。管制员必须能够看见航空器起飞或最后进近的跑道和他们所负责的航空器,这个要求适用于每条跑道的两个方向。有的管制员还需要能看见塔台下面的滑行道和停机坪上的航空器活动。管制员的视线不能被其他管制员、塔台内的设备、塔台结构的支柱或其他物体,或是机场建筑物阻挡。

塔台的工作空间设计必须促进信息简单、明确地流通。工作划分成进近、离场、监察、地面计划和地面管制的繁忙机场,工作空间应有助于塔台内数据的交换和管制责任的移交。管制员之间移交和接收进程单必须得当。移交中,进程单必须放置到指定的位置,以避免摆放错误。即使在空间有限的塔台内,进程板(FPBs)必须能够容纳代表最多航班数目的所有进程单。辅助显示器上的信息,例如,地面活动计划或是距接地点距离指示器,必须与其他信息源恰当地合成并完全兼容。

8.1.2　确定空中交通管制工作站所需空间大小时应考虑的人为因素问题

空中交通管制单位工作站和工作站组所需空间大小由管制空域环境类型(如塔台、终端区、航路)、单位的物理限制等因素决定。以下是决定工作站空间大小的主要因素。

1. 成员数量

工作站是一人使用还是与其他人一起使用,空间要求不一样。随着成员增多,独立的、面对面的通信变得更困难,且为了使语音更清晰,成员必须站得或坐得更近一些。如果两个或更多人共用同一工作站控制台和显示器,那么可以节省空间。如果两个或更多人需要同时穿过工作站间的过道,那么工作站之间的距离应足够大。

2. 视觉要求

工作站显示器的空间和间距还取决于管制员和管制员班组的视觉要求。工作站的间距和布置取决于管制员是坐着或站着,或有时坐着、有时站着。有可能一个管制员不得不站在另一个管制员身后看显示屏。这时,设计工作站的布置和间距时,应注意人体尺寸。

为空中交通管制塔台管制员设计新的工作站和设备要考虑的因素如图 8-5 所示。这一设计概念是针对管制员对以前的设计概念中的不足而发展的,以前的设计概念是,管制员常需要站着,以保持能看得到窗户外面,这一设计让他们坐在"低头"位置,设计思想是为管制员提供可见性和便利性。这种设计概念表明,设计人员必须了解运行的实际情况和要求,才能为需要经常看窗外的管制员设计出适合需要的显示器。

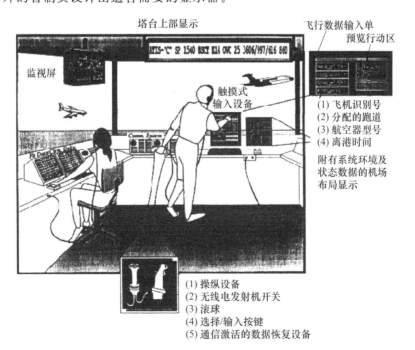

图 8-1　解决空中交通管制塔台工作站设计中人为因素问题的设计思想

3. 设备可达性

虽然运行上的考虑很重要,但工作站的布局和间距应允许维护支持技术人员可将系统组件移除或变动位置。支架、支持结构或其他障碍不应该妨碍打开或移去设备的盖子或架子。另外,工作站的位置应使得其他设备或工作站不影响该工作站设备组件的可达性。

8.1.3 设计空中交通管制工作站时人的局限性考虑

工作地点和工作站的设计应与管制员的期望和能力一致。空中交通管制工作站设计应考虑不同人的物理尺寸和心理特性的差异。

1. 物理尺寸因素

根据人的尺寸设计适当的设备尺寸的学科称为人体测量学。人的身高、腿长和手伸出能达到的距离等物理尺寸是不一样的。如果忽视了这些物理特性,有些管制员可能就不适应工作站或够不着工作站操纵器。工作站的物理尺寸应与使用它们的管制员一致。

通过建造一个完全尺寸的模拟工作站进行评估。可以让有极端尺寸的管制员们来评估工作站的距离、视觉和延伸区域。仿真测试可以揭示设计中的问题。此外,在设计的方案中也可以考虑这些差异,例如,采用可调整的工作站显示器和座位。应考虑的尺寸包括键盘高度和角度、屏幕位置和角度、座位—面板、靠背角度。

2. 心理因素

管制员对新设计或升级的工作站的接受度很重要。如果工作站组织得很好,很方便,那么管制员可能更容易接受一些。工作站设计中的缺陷还会带来更严重的问题,如应激、疲劳甚至生病。在工作站设计中应考虑管制员的感受、认知等特性。

8.2 物理环境设计

管制单位的环境对管制员的表现和工作满足感有正面或负面影响。虽然环境的最重要的方面是组织文化,但在此主要讨论环境的物理特性,如灯光、温度和噪声。当一些环境因素超过了可接受的程度时,将对管制员的表现产生明显的影响。

8.2.1 室内装饰

室内装饰应该设计成统一体,而不能随意地设计,这样才能获得最佳的视觉环境。表面应是不光滑的,不应发亮;旧了之后也不应发亮。墙壁、地板和家具的颜色应柔和,因为饱和的颜色会与显示器上的颜色代码有很强的相互作用。柔和的米色、淡棕色和浅灰色通常会令人满意,而白色通常会让人觉得太亮。

如果房间大,就应当有能提供视觉结构和能表达房间大小印象的可视特征。例如,地毯的方格表面上略有不同却又总体一致,或是偶尔有所不同但在一面大墙之内却有没有突出的垂直特征。大房间还必须相当高,大房间的天花板如果太低会使人压抑,且很难在整个工作空间内达到合理的、相对一致的环境光线。

8.2.2　空中交通管制工作站和环境照明的具体要求

如第 2 章所述,对光的感知是光的物理特性和人视觉系统构造的相互作用。照明度(illuminance)定义为给定光源距离时,照在球面的光量。考虑一个放在烛台上的蜡烛。蜡烛向各个方向发光。距离蜡烛越远,照明度越低。点光源的照明度公式为

$$照明度＝烛光/D^2 \qquad (8-1)$$

其中:烛光——光源的输出等级;

　　　D——光测量设备或观察者离光源的距离。

亮度(luminance)定义为光照在表面上时反射的光量。从表面发出的光,如从一个日光灯或工作站显示屏发出的光,也可以用照明度和发光度测量。

人的眼睛具有色彩视觉。光是一种辐射的电磁波能量,可以刺激视网膜并产生视觉知觉。完整的电磁波频谱的波长范围为 $10\sim104$ m,其中可视波频谱的波长范围是 $380\sim780$ nm。不同的波长,构成了色彩的多样性。紫色光的波长约为 400 nm,红色约为 700 nm。

人们感知到的光有两个来源:热发光物体,如太阳、泛光灯和火焰;冷发光物体,如反射和夜光物体。一个以平均比例包含所有波长的热发光源,它所发出的光为白光。但是多数光源,尤其是泛光灯,所发出的光或多或少地偏向于某一频谱范围的波长,因此,就造成该光源偏红或偏蓝。如果用"色温"来描述这种光源的色彩倾向,正午日光的色温为 5 500 K。色温越低光源越偏红,反之就偏蓝。当光从一个热发光源落到一个物体表面时,某些特定波长的电磁波被该物体吸收。因此,人们感知到的色彩是特定光源的发光光谱与该物体的吸收光谱相互作用的结果。通常,人们把该物体在白光下的反射称为它的"正常颜色"。

视觉系统的状况也影响光的感知。年龄及其他个体差异等因素会影响单个管制员的最佳照明度。如第 2 章所述,人的视觉系统随年龄而改变。年龄增长主要的变化是眼睛的晶状体变厚,这将影响人的近距离视敏度,并减少进入视网膜的光量。50 岁时进入视网膜的光量只有 20 岁时的一半,且进入视网膜的光也更分散,使图像的对比度降低。视觉系统的所有这些变化意味着,为了获得同样的视敏度,年龄大的人需要更多的光。因此,年龄大的管制员比年轻的管制员需要更多的直接照明(通过环境照明)。

年龄只是影响光感知和考虑管制员最佳照明的因素之一,以下是其他因素。

1. 照明和管制员任务要求

各种标准和指南中都有关于照明的要求,但很少涉及管制员要完成的任务。最近,在 AAS 照明要求开发中,扇区要求确认小组(SRVT)列出了管制员用户群。SRVT 已定义了与 AAS 管制员要完成的任务有关的下列照明标准(Bashinski, Krois, Snyder, et al, 1990)。

① 数据输入设备的可用性。在可接受的努力程度的范围内,键盘上主要标签、电子显示屏按键区及滚球应易于辨认。

② 文本、手写、彩色图解材料的可用性。照明应足以支持在控制台架子上写记录,以及阅读架子上放置的材料。

③ 操纵器的可用性。照明应足以使管制员易于定位开关、操纵器、耳麦插孔、连接器、把手等。操纵器的标签应易读。

④ 视觉干扰最小。照明应尽量减少阴影、眩光和反射。

⑤ 彩色显示屏的可读性和充足的显示亮度。彩色显示屏的冲失区域应尽量减小,且应为文本和图像信息提供足够的对比度。在各种预期的照明环境下,管制员应该可以识别各种色彩代码。

⑥ 充足的紧急和维护照明。紧急情况下,照明度应足以完成空中交通管制任务,并允许安全地进出操作席位。照明设计应缓冲维护照明,使它不影响工作站控制台的空中交通管制任务。

这些任务要求可能需要由管制员进行评估,以确定工作站或环境照明是否充足。

2. 灯和照明的类型

空中交通管制单位主要用两种灯:用电加热灯丝的白炽灯和电流通过气体发光的气体放电灯。最常用的气体放电灯是日光灯。

白炽灯或气体放电灯都是直接或以漫射的方式产生光。对于小区域照明,如为阅读或写记录照明的灯光,直接照明很有用。漫射照明可使眩光和反射最少,因此,对大区域照明很有用。可将一个或多个设备合并为一个灯,以控制光的散布。

3. 照明度

对于空中交通管制系统和环境的用户和设计者来说,主要问题是确定照明度。决定照明度的主要因素是要完成活动的类型,以及所要求的视敏度。通常,细节视觉要求越多,环境照明度应越高。空中交通管制塔台有其特定的照明问题。白天,直接阳光照射会"冲失"视觉显示。夜间塔台内部照明应平衡管制员看窗外和阅读文本(如进程单)这两个要求。

新的空中交通管制环境和工作站的设计者和施工者应和熟练的照明工程师、人为因素工程师一起工作,以准确确定适当的照明度。

4. 光的分布

除了照明度外,光的分布也会影响视敏度,并影响空中交通管制员的表现。工作环境中相邻区域发光度的不同,使人在转换凝视目标时,要不停地适应这些差异(Sanders and McCormick,1987)。一个主要指标是发光度比。发光度比是视觉范围内两个相邻区域的发光度的比值。如果两个区域的发光度比相差太大,将影响视力和舒适性。对于周围环境,照明工程师协会建议,工作空间中相邻环境中最亮的和最暗的区域的差异不能超过 3 倍(参见 IES ANSI/IES-1-1982)。

5. 工作站发光度的范围

因为工作站显示屏会发光,它们不需要周围环境照明。但是,为了完成和显示屏有关的其他任务,通常需要环境照明。对大部分任务,环境照明越高,管制员的视敏度越好。但是,对于空中交通管制工作站显示屏照明,环境照明越高,则越难阅读显示屏上的内容。因此,建议环境照明应折中考虑读写任务的高照明要求和看 CRT 屏幕所希望的低环境照明的要求。

为避免极端的折中,可使用任务照明,即为读写任务提供集中的光源。为了避免工作站显示屏和操纵器的眩光和反射,光源的位置和调节很重要。间接照明可避免不期望的眩光和反射,对于空中交通管制任务也很好(Krois, Lenorovitz, McKeon, et al, 1991)。当管制员环视房间时,各方向上的总体照明强度应大致相同,这样,环视周围不会导致眼睛瞳孔大小的剧烈变化。房间内部不应有小片的黑暗或明亮区域。

工作空间、操作席、工作台和显示器的布局,必须根据环境光线来设计。在工作空间的设计方案上,应描绘出从正常位置观看时各显示器所反射的房间区域,这一方法可检查和避免眩光和反射。在反射出的房间区域,不得装有直接可见的光源。这种检查的另一方法是使用实际尺寸或小比例的布局实物模型。

8.2.3　提高高亮度环境下显示信息的可读性

环境光线是物理环境最关键的一个方面。空中交通管制的工作空间有两种:区域或进近管制的工作空间。要么没有外界视野,要么窗户装有窗帘或遮光板,以获得可控照明的环境。这里可以使用适合各种视觉显示器和操纵器要求的最佳环境光线,并满足其他要求,如阅读印制的材料等。灯光的光谱、强度和类型及灯光装置的位置等方面,应作为工作空间设计中不可分割的一个方面设定出要求,同时要确定好显示器的要求,而不能随后再定。由于区域或进近管制工作空间的照明已针对一个固定的视觉环境及其中的显示器设计为最佳,因此其要求的亮度调节范围比塔台就小得多。在可控制的环境中个人显示器的亮度,仅应在允许的有限范围内可调节,使显示信息设计的最佳可见度得到保持。

而对于空中交通管制塔台环境,其环境光线从直接的阳光到夜间的人工照明,变化很大。无论环境光线如何,所有的显示器和操纵器都要保持可用,都必须是自动可调或人工可调的,使得它们在黑暗中不会太亮,在阳光下不会太暗。天花板上的灯组,或向上照的灯光经过天花板的反射,会是有效的照明方式。后者可避免明显的阴影,但天花板应是不平滑的,而且是白色或准白色的。任何工作席位不应直接可见灯丝、灯管等光源。

在阳光强的白天,从显示屏上反射的大量光造成色彩和亮度对比度都很低,使得可读性变差。因此,提高日照条件下可读性的目标是在减少整个屏幕反射的同时提高对比度。

1. 减少眩光和反射

(1)眩光

在阳光强的白天,塔台的光线亮度可以变得很高,这时眩光会是一个严重的问题。眩光是进入视网膜的分散的光。这种分散光降低图像或目标物的对比度。眩光源距离管制员的视线越近,眩光效应越严重。塔台的位置应使管制员在看主要跑道的同时不面对太阳。

(2)反射

反射指相对于显示屏发出的光量的反射光的量(ANSI/HFS, 1988)。落在工作区域或显示屏上的光量由两部分组成:直接射在工作区域上的光量,以及墙壁、天花板及其他表面反射的光量(Sanders and McCormick, 1987)。反射主要有以下三种。

① 镜面反射。光照在一个光滑的表面上,反射光是平行的。

② 散射反射。光照在一个粗糙的表面上,反射光是散布的,有点漫射。

③ 漫射反射。光照在上了漆的表面或不光滑的表面上,在各个方向上同等的反射。

显示屏上反射光主要是因为散射性和反光性,这两种性质是发光表面的固有特性。散射性反射是光在表面各个方向分散的结果,光向各个方向发射的表面,其散射性反射的程度比较高。反光性反射是屏幕对入射光反射的结果,屏幕会反射光源的映象,光滑明亮的表面反光性反射的程度较高。所有的表面都有不同程度的上述两种性质的反射。一般一个高,一个低。例如,CRT屏幕一般反光性反射较少,而散射性反射很多。不同的发光表面有不同类型的反射。

从显示信息可读性的角度来看,散射性和反光性反射所造成的问题略有不同。散射性反射常造成冲失效应。不管在哪个方位看,都不能减少散射光的量。而对光源的反光性反射一般限于屏幕的一部分区域,且它造成影响的程度在某种程度上取决于入射角和观察者的方位。反光性反射带来的最大问题并不是来自光源,而是来源于工作站中的其他表面。常见的是,观察者的映象从显示屏上反射出来。虽然观察者能集中注意力于屏幕上显示的信息图像上,但他们自己的运动会使屏幕上反射图像随之移动,影响显示信息。

(3)减少眩光和反射

眩光和反射会使管制员分心。它们还会影响管制员的表现,以及引起头痛、眼疲劳等物理症状。眩光和反射会影响目视显示信息,造成信息传输的延误。以下总结了减少眩光和反射的几种可能的解决方法。

① 在光源周围装遮蔽物和滤光器,和/或在显示屏周围加遮光罩。

② 配置或设定工作区域,使反射光不能射向眼睛。

③ 调整光源位置,使光源尽可能远离眼睛视线。

④ 降低光源的亮度。

⑤ 使用漫射或间接光源。

⑥ 使用扩散光的表面,如给墙壁上漆及使用不光滑的工作表面。

⑦ 基于显示器的解决方法。在工作站中,也常使用抗反射(anti - refletance,AR)前表面涂层,减少反射的光量,或/和显示屏滤光器减少眩光。这些滤光器放在CRT的正面,光通过滤光器,被CRT反射,然后通过滤光器反射回来。因为屏幕上的字符和图像只通过滤光器一次,因此显示对比度得以提高。但是,当显示屏亮度降低时,对比度和可读性随之降低。因此,显示设计者在应用滤光器的同时,常增加显示设备的光,用以解决日照可读性问题。可产生100 cd甚至更大亮度的光,再配以适当的滤光器的被称为高亮度显示器的显示器,是目前应用最广泛的解决日照时可读性问题的方法。

2. 控制高环境亮度问题的其他方法

为提高CRT上日照可读性,增加对比度的另一个方法是减少投射到屏幕上的太阳光。

① 用透明窗帘改善日照环境下的可读性。如塔台采用透明窗帘,窗帘透光率可仅为3%。使用窗帘可极大地提高显示信息的亮度对比度和色彩对比度。但有些管制员可能不喜欢窗帘,他们宁愿戴太阳镜。戴太阳镜其实并没有提高日照情况下的可读性,因为它只是滤掉了进入眼睛的太阳光,并没有减少投射到屏幕上的太阳光。因此,彩色CRT显示屏应考虑使用窗帘(或其他有效减少内部光的方法)。

② 电子铬设备。近年来,已通过发展代替下拉式窗帘的另一些方法,来改善空中交通管制塔台环境。例如,电子铬窗户,可用电压自动减少传输的光。这些设备已有一些安装在办公室里,用于调节热量损失和太阳热能,并用在汽车反光镜上,调整入射的汽车前灯光的反射。

目前正在发展用在飞机和汽车车窗上的电子铬窗户。

在空中交通管制塔台安装电子铬窗户可能会解决日照下可读性问题,并允许使用低亮度、低成本的 CRT。低亮度 CRT 还会使电力消耗减少,并减少发热。电子铬窗户的吸热特性还可帮助塔台和外界隔离,进一步降低成本。

电子铬材料具有使传输的光随使用的电压变化的特性。夹在两层电极和两层玻璃之间的电子铬材料形成了一个可用电子控制的滤光器,传光率可设置为 70%～10%。同时,电子铬材料还发展了几种不同类型的窗户。有些窗户有长期色彩记忆。一旦设置了传光率,给出一个信号,当信号去掉后,窗户可在 7 h 内保持当前状态。还有其他一些设备反应速度很快,去掉信号后几秒钟内,传光率会回到 70%。

8.2.4　运行环境的最佳温度和湿度

气候环境是空气的温度、湿度、流动(风速)和热辐射等因素的综合,会对人的健康、舒适和作业效能产生一定程度的影响;不良的气候环境条件会增加人的疲劳感,降低工作效率,影响人的健康。

在人机工程学中,这方面的研究更多的是指特定空间中的气候环境,又称室内气候或微气候环境。下面对温度、湿度、流动(风速)和热辐射进行详细介绍。

1. 温度

空气的冷热程度称为气温。通常由干球温度计(寒暑表)测定,称为干球温度。气温的标度分摄氏温标(℃)和华氏温标(℉)。我国法定采用摄氏温标(℃),而美国则常采用华氏温标(℉),两种温标的换算关系为

$$t(℃) = \frac{5}{9}\left[t(℉) - 32\right] \tag{8-2}$$

$$t(℉) = \frac{9}{5}t(℃) + 32 \tag{8-3}$$

2. 湿度

湿度指空气的干湿程度,分为绝对湿度和相对湿度。绝对湿度是指每立方米空气内所含的水汽质量。由于人们对空气干湿程度的感受与空气中水汽的绝对量不直接相关,而与空气中水汽的饱和程度直接相关。因此,人们定义气温、压力条件下空气的水汽压强与相同温度、压力条件下饱和水汽压强的百分比为该温度、压力条件下的相对湿度。生产与生活环境场所的湿度常用相对湿度表示。相对湿度在 70% 以上称为高气湿,低于 30% 称为低气湿。在一定的气温下,相对湿度小,水分蒸发快,人感到凉爽。而在高温条件下,高湿使人感到闷热;低温条件下,高湿使人感到阴冷。

3. 风速

空气的流动速度称为气流速度(风速)。人类作业或生活起居场所中的气流速度除受外界风力影响外,主要是由于冷热空气对流所致。冷热温差越大,产生的气流也越大。气流速度的大小会对人体散热速度产生直接影响,因此它是评价气候条件的主要因素之一。

4. 热辐射

物体在热力学温度大于 0 K 时的辐射能量称为热辐射。热辐射是一种红外线,不能加热

气体,但能被周围物体所吸收而转变成热能,从而使物体升温,成为二次辐射源。人体向外辐射热量。当周围物体表面温度超过人体表面温度时,周围物体向人体辐射热能使人体受热,称为正辐射;反之,称为负辐射。太阳及生产环境中各种熔炉、开放的火焰、熔化的金属,生活环境中的煤气炉等热源均可产生大量的热辐射。

空中交通管制单位中,工作环境的热舒适是很重要的。热舒适的测量很困难,因为涉及的变量太多。另外,在热舒适方面还有个体差异(部分原因是新陈代谢差异)。以下是影响热舒适的主要因素。

① 空气温度。

② 墙的温度或周围结构温度。

③ 湿度。

④ 通风(如循环空气的速度)。

⑤ 管制员的体力负荷。

人为因素的主要目的是获得温度、湿度和通风的平衡,使管制员不要受到环境应激源的影响。这些应激源对体力和脑力有负面影响,使工作表现变差。

1. 极端温度

通常认为 $21 \sim 25℃$ 温度为最舒适的温度。空中交通管制单位中可能出现加热或制冷临时故障使温度到达极端。遇到这种情况时,了解管制员能保持效能,安全管理飞机的最高温度限制是有用的。与手的灵巧性有关的任务,如数据输入或目标跟踪,会受到低温的影响。管制员表现变差与手表面温度低有关。研究表明,当手温度在 $13 \sim 18℃$ ($55 \sim 65℉$)时,表现会变差。有关低温对大脑活动的影响目前还不清楚。

2. 湿度

相对湿度应当在 50% 左右或略高。太高或太低的湿度都不适当。管制单位的相对湿度应随着温度而变。温度为 $21℃$($70℉$)时,相对湿度应为 45% 左右。随着温度升高,相对湿度应降低。无论何时,相对湿度应保持在 15% 以上,以防止皮肤、眼睛和呼吸道干燥。因为空中交通管制单位的温度应保持稳定,所以相对湿度变化不能太大。所有空中交通管制环境,尤其是塔台环境,会受到外部热、冷的影响,应制定有关规定使温度和湿度保持在舒适范围内。

3. 通风

空中交通管制单位所使用的通风空气的 2/3 应为新鲜的、未受污染的空气(DoD,1989)。每分钟所需要的空气量随每个人呼吸量变化(DoD,1989)。空气应以不超过 60 m(200 ft)/s 的速率通过运行人员。管制员的椅子不应放在空气流通线上。气流速度应进行调整,使工作台上的纸或翻开的手册不受影响。为保证烟、水汽、灰尘或毒气保持在可接受范围内,空中交通管制单位应保持足够的通风(DoD,1989)。

8.2.5 运行环境中可接受的噪声等级

声音在人的生活和工作中起着非常重要的作用,很多信息的传递都要通过声音。但是有些声音却影响人的学习、工作、休息甚至危及人的健康。比如,大型鼓风机噪声、电锯声、高压排气放空噪声等,会使人心烦意乱,损害听力,并能诱发多种疾病。噪声是指一切对人生活和工作有妨碍的声音,或者说凡是使人烦恼的、讨厌的、不愉快的、不需要的声音都是噪声。

DoD 有关指南认为需要经常使用电话或无线电及不超过 1.52 m(5 ft)距离的直接通信的单位,环境噪声不能超过 65 dB (DoD,1989)。环境噪声主要由振动引起。大容量通风系统或其他设备常产生振动。环境噪声有时也来自同一单位工作人员谈话的综合效应。高噪声不利于有效的空中交通管制,尤其是在协调和联络时。

环境噪声可用一种或多种方法加以控制(Sanders and McCormick,1993):

① 在噪声源控制。

② 沿噪声路径控制。

③ 在噪声接收者控制。

在噪声源处控制噪声的方法包括更好地设计设备以降低所产生噪声的量。另外,日常适当地维护设备可减少噪声。例如,必要时给活动部件加润滑油。在噪声源处降低噪声的另一方法是用橡胶或弹性体等柔软的材料隔离振动表面。

沿着噪声传播路径控制噪声的方法包括封装噪声设备。高频振动比低频振动方向性更强,因此更容易包容。封装噪声设备可减少传到管制员的高频噪声的量。另外,在墙、天花板和地板中加入声音吸收材料,可减少 3~7 dB 噪声。

在接收端控制噪声的方法主要由耳麦或耳塞组成。

8.3　安全文化建设

安全文化是持续实现安全生产不可或缺的软支撑。随着社会实践和生产实践的发展,人们发现仅靠科技手段往往达不到生产的本质安全化,需要有文化和科学管理手段的补充和支撑。管理制度等虽然有一定的效果,但是安全管理的有效性很大程度上依赖于管理者和被管理者对事故原因与对策是否达成一致性认识,取决于对被管理者的监督和反馈是否科学,取决于是否形成了有利于预防事故的安全文化。在安全管理上,时时处处监督企业每一位员工遵章守纪的情况,是一件困难的事情,有时是不可能的,甚至出现这样的结果:要么矫枉过正导致安全管理失灵,要么忽视约束和协调出现安全管理的漏洞。优秀的安全文化应体现在人们处理安全问题有利的机制和方式上,不仅有利于弥补安全管理的漏洞和不足,而且对预防事故、实现安全生产的长治久安具有整体的支撑。因为倡导、培育安全文化可以使人们对安全事务产生兴趣,树立正确的安全观和安全理念,使被管理者在内心深处认识到安全是自己所需要的而非别人所强加的,使管理者认识到不能以牺牲劳动者的生命和健康来发展生产,从而将"以人为本"落到实处,安全生产工作变外部约束为主体自律以达到减少事故、提升安全水平的目的。

8.3.1　安全文化的范畴、功能及作用

1. 安全文化的定义

我国安全文化界将安全文化归纳为"安全文化是人在社会发展过程中,为维护安全而创造的各类物态产品及形成的意识形态领域的总和;是人在生产活动中所创造的安全生产,安全生

活的精神、观念、行为与物态的总和；是安全价值观和安全行为标准的总和；是保护人的身心健康、尊重人的生命、实现人的价值的文化。"

2. 安全文化的范畴、功能及作用

安全文化是具有一定模糊性的一个大概念，包含的对象、领域、范围广泛。安全文化的范畴可从如下两个方面来理解。

（1）安全文化的层次性

从文化的形态来说，安全文化的范畴包含安全观念文化、安全行为文化、安全管理文化和安全物态文化。安全观念文化是安全文化的精神层，也是安全文化的核心层；安全行为文化和安全管理文化是中层部分；安全物态文化是表层部分，或称安全文化的物质层。

① 安全观念文化。安全观念文化主要是指决策者和大众共同接受的安全意识、安全理念和安全价值标准。安全观念文化是安全文化的核心和灵魂，是形成安全行为文化、制度文化和物态文化的基础和原因。

② 安全行为文化。安全行为文化是指在安全观念文化指导下，人们在生产和生活过程中所表现出的安全行为准则、思维方式、行为模式等。行为文化既是观念文化的反映，同时又作用于改变观念文化。

③ 安全管理（制度）文化。管理文化对社会组织（或企业）和组织人员的行为产生规范性、约束性影响和作用，集中体现观念文化和物态文化对领导和员工的要求。安全管理文化的建设包括建立法治观念、强化法治意识、端正法制态度，科学地制定法规、标准和规章，严格地执法程序和自觉地守法行为等。同时，安全管理文化建设还包括行政手段的改善和合理化，经济手段的建立与强化等。

④ 安全物态文化。安全物态文化是安全文化的表层部分，是形成观念文化和行为文化的条件。安全物态文化往往能体现出组织或企业领导的安全认识和态度，反映出企业安全管理的理念和哲学，折射出安全行为文化的成效。所以，物质既是文化的体现，又是文化发展的基础。

（2）安全文化的差异性

从安全文化的作用对象来说，文化是针对具体的人而言的，面对不同的对象，即使是同一种文化也会有所区别。因此，针对不同的对象，安全文化所要求的内涵、层次、水平也是不同的，这就是安全文化对象体系的内容。

文化具有实践性、人本性、民族性、开放性、时代性。在生活和生产过程中，保障安全的因素有很多，如环境的安全条件，生产设施、设备和机械等生产工具的安全可靠性，安全管理的制度等，但归根结底是人的安全素质，人的安全意识、态度、知识、技能等。安全文化的建设对提高人的安全素质可以发挥重要的作用。人们常说文化是一种力，分析国内外安全生产经验，文化力的第一表现为影响力，第二表现为激励力，第三表现为约束力，第四表现为导向力。这四种"力"又称四种功能。影响力是通过观念文化的建设影响决策者、管理者和员工对安全的态度和观念，进而强化企业员工乃至社会成员的安全意识。激励力是通过观念文化和行为文化的建设，激励每个人安全行为的自觉性，具体对企业决策者是要对安全生产投入足够的重视度和积极的管理态度；对员工则是激励其更加重视安全，自觉遵章守纪。约束力是通过强化政府行政的安全责任意识,约束其审批权;通过强化安全管理,提高企业决策者的安全管理能力和水平,规范其管理行为;通过安全生产制度的建设,约束员工的安全生产施工行为,消除违法违章现象。导向力是对全体社会成员的安全意识、观念、态度、行为的引导。对于不同层次、不同生产或生活领域、不同社会角色和社会责任的人,安全文化的导向作用既有相同之处,也有不同之处。如对于安全意识和态度,无论什么人都应是一致的;而对于安全的观念和具体的行为方式,则会随具体的层次、角色、环境和责任的不同而不同。

8.3.2 安全文化的建设

1. 核心内容

安全文化建设的问题,归根结底是安全价值观念创造的问题。因此,安全文化建设的核心内容就是安全观念文化的建设。安全观念文化是人们在长期的生产实践活动过程中所形成的一切反映人们安全价值取向、安全意识形态、安全思维方式、安全道德观等精神因素的统称。安全观念文化是安全文化发展的最深层次,是指导和明确企业安全管理工作方向和目标的指南,是激发全体成员积极参与、主动配合企业安全管理的动力。有关安全生产的哲学、艺术、伦理、道德、价值观、风俗和习惯等都是它的具体表现。

安全管理的实践经验表明,受科学技术发展水平的限制,保证系统、设备或元件的绝对安全是不可能的,而且依靠严格的安全管理、完善的法规制度、健全监管网络,仍然无法杜绝事故的发生。面对这样的形势及安全发展的要求,只有超越传统的常规方法,通过安全观念文化的培养与熏陶,使员工从内心深处形成"关注安全,关爱生命"、自发自觉保安全的本能意识,才能最终实现本质安全。安全观念文化无疑是企业安全文化建设的核心内容。

无论是高危企业还是其他任何在经营、生产行为中都有可能出现安全事故的单位,都应该明确企业安全文化建设的核心内容,科学系统地建立企业全体员工能认同、理解、接受、执行的先进安全价值观念,并倡导全体员工乃至企业外部人员认同、理解、接受、执行这种安全价值理念。

2. 目标

安全文化建设的目标可归结为以下几个方面。

① 全面提高企业全体员工安全文化素质。企业安全文化建设应以培养员工安全价值观念为首要目标,分层次、有重点、全面地提高企业全体员工的安全文化素质。对企业决策层的要求,起点要高,不但要树立"安全第一,预防为主""安全就是效益""关爱生命,以人为本"等基本安全理念,还要了解安全生产相关法律法规,勇于承担安全责任;企业管理层应掌握安全生产方面的管理知识,熟悉安全生产相关法规和技术标准,做好企业安全生产教育、培训和宣传等工作;企业全体员工不但要自发培养安全生产的意识,还应主动掌握必需的生产安全技能。

② 提高企业安全管理的水平和层次。管理活动是人类发展的重要组成部分,它广泛体现在社会文化活动中。企业安全文化建设的目标之一是提升企业安全管理水平和层次。传统安全管理必须向现代安全管理转变,无论是管理思想、管理理念、管理方法、管理模式等都需要进一步改进。

③ 营造浓厚的安全生产氛围。通过丰富多彩的企业安全文化活动,企业内部营造一种

"关注安全，关爱生命"的良好氛围，促使企业更多的个体和群体对安全有新的、正确的认识和理解，将企业全体员工的安全需要转化为具体的愿景、目标、信条和行为准则，成为员工安全生产的精神动力，并为企业的安全生产目标而努力。

④ 树立企业良好的外部形象。企业文化作为企业的商誉资源，是企业核心竞争力的一个重要体现。企业安全文化建设另一目标是树立企业良好的外部形象，提升企业核心竞争力中的"软"实力，在企业投标、信贷、寻求合作、占有市场、吸引人才等方面，发挥巨大的作用。

8.3.3 空管安全文化

1. 空管安全文化的定义

空管企业文化的核心组成部分，是指空管在长期发展过程中形成的共同价值观和共同愿景，是空管主流价值观及伴随的行为模式，是空管安全和发展的边界。空管安全文化是空管员工共有的理念与期盼，能够有效地塑造空管内个人及团队的行为举止，是空管长年累月形成的行业个性，是空管的灵魂，是空管发展的内在精神动力，同时也是空管应对各种危机最有效的武器。

2. 空管安全文化层次

空管安全文化由精神层、制度层和物质层构成。

① 精神层。它主要指空管的宗旨、管理思想、空管精神等各种理念性的内容，是空管安全文化的核心内容。空管宗旨阐释了空中交通管制的终极目的。空管使命阐释了空管的职责。空管信念阐释了空管追求的观念和目的。例如，华东空管局的空中交通管制宗旨是"保证安全第一，加速飞行流量"；空管使命是"维护空中秩序，满足航空需求"；管理思想是"以人为本，科教兴局，规范管理，创新发展"；空管精神是"敬业奉献，追求更好"；空管信念是"安全第一，预防为主"。又如，海尔的核心价值观是"真诚到永远"，IBM的核心价值观是"尊重个人"等。

② 制度层。它是空管安全文化的中间层次，包括规范和约束空管的组织及员工的行为准则、工作制度等，集中体现了精神层和物质层对员工及组织行为的要求。空管安全文化圆的制度层不同于管理线的制度体系，不是泛指空管的各项规章制度的具体内容，而是这些制度所折射出的文化和精神特性。如海尔的"日事日毕，日清日高"的制度文化。

③ 物质层。它是空管安全文化的表层，是空管安全文化的物质表现，主要表现在具体的空管形象上。空管的形象是"保证安全，优质服务"。

安全文化圆的三个层次紧密联系，互相依存。物质层是文化圆的外在表现和载体，是制度层和精神层的物质基础；制度层约束和规范物质层和精神层的建设；精神层是形成物质层和制度层的思想基础，是文化圆的核心和灵魂。

3. 空管安全文化的作用

空管安全文化在空管安全管理的作用主要有以下几个方面。

① 有助于形成有效的安全保障。

② 有效地保障空管安全和可持续发展。

③ 有助于构建正确的空管经营战略。

④ 有助于建立高效率的空管管理制度。

⑤ 有助于形成和增强空管的凝聚力。

⑥ 有助于树立"保证安全,优质服务"的空管形象。

4. 空管安全文化的特征

（1）行业特征

空管安全文化的行业特征属于社会文化范畴,不同的行业具有不同的安全文化。空管安全文化是空中交通管制企业文化的核心组成部分。空管事故造成的经济效益和社会效益的损失是难以估量的,所以空管的任何工作一定要以"安全为本"。

（2）空管安全文化的系统特征

① 整体性。安全文化的建设要从全局出发,结合具体内外部环境条件追求资源配置最优化。

② 结构性。安全文化的各种构成要素以一定的结构形式排列组合,它们各自有相对的独立性,共同以严密有序的结合体出现。每个要素重要性与否是相对的。由于资源是有限的,片面地强调某一要素而忽略其他要素是空中交通管制安全文化建设的大忌。

③ 层次性。空管安全文化可分为精神层、制度层、物质层。

（3）空管安全文化的时代特征

空管安全的活动都是在一定条件下进行,脱离不了特定的时代,特定地域的政治、经济和文化环境的制约,总是反映着那个时代的精神。空管安全文化必须遵循时代的变化。

5. 空管安全文化的功能

① 导向功能。导向功能是指空管安全文化对员工的导向作用。空管安全文化集中反映了员工的共同价值观、理念和共同利益,因而它对任何一个员工都具有一种无形的强大感召力,具体表现包括规定空管的行为价值取向,明确空管的行动目标,构建空管的制度体系。正如迪尔和肯尼迪在《企业文化》中反复强调的"我们认为员工是企业最伟大的资源,管理的方法不是直接用电脑报表,而是经由文化暗示,强有力的文化是引导行为的有力武器,能帮助员工做得更好"。

② 凝聚功能。空管安全文化能营造一种把全体员工紧密联系在一起,同心协力地保障安全的文化氛围。它通过目标凝聚即拥有空管宗旨、价值凝聚即具有共同的核心价值观、情感凝聚即充分体现"以人为本"的管理思想三个方面得以体现。

③ 激励功能。通过各种激励手段,使员工产生一种情绪高昂、奋发向上的工作热情,起到保护和延长责任线的功能。

④ 约束功能。空管安全文化的约束功能是通过制度文化和道德规范而发生作用的。通过硬性和软性的约束告诉员工哪些应该做,哪些不应该做。

⑤ 自控功能。空管安全文化是发展的文化,空管安全文化圆就是通过业务线、管理线、责任线的延伸不断对自身进行调节,以适应空管安全文化各要素的发展。正如彼得斯和沃斯曼所指出"越强有力,就越不需要什么复杂的政治手段或巨细无遗的规章制度"。

⑥ 辐射功能。空管安全文化不仅在空管发挥作用,而且会向社会延展和扩大理念辐射、行为辐射、形象辐射。

6. 空管安全文化构建

空管企业文化的核心组成部分,是指空管在长期发展过程中形成的共同价值观和共同愿景,是空管主流价值观及伴随的行为模式,是空管安全和发展的边界。根据安全文化的层次结构,结合空管系统的安全文化的要素,空管安全文化得以构建。

空管安全文化是空管主流价值观及伴随的行为模式,是空管安全和发展的边界,是线的保障。安全文化圆由精神层、制度层、物质层构成。业务线、管理线、责任线、安全文化圆是空管安全的要素。业务线是生命线,是空管安全和发展的基础。管理线是空管安全和发展的保障。责任线是空管安全和发展的源泉。三线之间的关系是关联、互动、协调平衡。三线所围成的三角形是真实的空管安全保障能力,圆心是核心价值观即"安全为本",它对三线和文化圆具有引力作用。三线和安全文化圆的关系是安全文化圆对三线起到包容、保护、促进延伸的作用,三线对安全文化圆起到支撑、促进外扩的作用。有效地整合三线的资源使其达到整体最优,即三角形面积最大,形成等边三角形。当安全文化圆是等边三角形的外接圆时,空管安全管理处于最理想的状态。所以,只有四要素均衡发展、与时俱进,空管才能真正做到与时俱进地保障安全。

⚡ 课后习题

1. 空管系统空中交通管制工作站的工作环境设计中应考虑哪些人为因素问题?
2. 空管系统空中交通管制工作站的物理环境设计中应考虑哪些人为因素问题?
3. 空管系统对于工作环境中的照明具体要求都有哪些方面?
4. 空管系统环境设计中对于温度、湿度、新鲜空气等具体要求都有哪些?
5. 空管安全文化都包含哪些内容?

第9章 航空中的人为因素的研究及发展

A 学习提要及目标

　　航空中人为因素的研究是伴随着航空业的发展,以及人的不断发展而逐渐发展的,特别是近些年随着工业技术、计算机、人工智能、智能制造和生产等不断发展,航空系统的安全性越来越高,与此同时航空系统中人为因素导致的航空事故呈高发趋势。如何进一步了解和认识人在航空系统中的作用,将人与系统相匹配,提高航空系统运行安全性,成为当前航空中人为因素研究的热点和重点。

　　本章在对航空中人为因素进行介绍和分析的基础上,对航空中的人为因素研究做了相应的总结,以期对航空中人为因素的研究及发展有初步的了解。

　　通过本章学习,学生应能够:

　　(1) 理解和掌握人为因素研究的作用和意义;

　　(2) 了解人为因素的研究方法;

　　(3) 了解国内外有关人为因素的研究成果及发展状况。

9.1　研究人为因素的作用

　　从前面各章节可见,人为因素知识有助于了解管制员工作的心理模式,了解管制员的能力和局限,了解影响管制员表现的因素、通信交流及团队互动原理等。人为因素知识在空管系统设计、开发及运行等各环节中都具有重要意义。在系统设计开发时考虑人为因素准则,能减少人为差错、改善人的表现,从而提高系统效率和安全性。在系统运行过程中,人为因素研究有助于探测系统中存在的缺陷,从而提出相应的防范措施。人为因素的作用可列举如下(不限于下列各项)。

　　① 提供关于人的能力与限制的基本心理学知识。

　　② 来自空中交通管制及其他领域的人为因素知识的应用。

　　③ 对研究和开发项目中所遇到人为因素问题的解释。

　　④ 通过研究和开发项目,保证所有基本人为因素要求得到满足。

　　⑤ 提供最适合的人为因素工具、方法和技术的建议。

　　⑥ 对个体和群体的适当的测量。

9.2　研究方法

9.2.1　常用方法简介

　　人为因素研究方法包括观察与调查、相关法、实验室实验法等。其中实验室实验法具有能有效控制某些外部变量的干扰,提供精确的因果推断依据等优势,因此,工程心理学的研究者们也纷纷使用实验室实验法来探索人类心理加工的特点和极限。为了使对于某一系统中人特点的研究结论更为可靠,研究者们对最初的实验室实验法进行了改进,设计了实验室实验法的两种变式——现场实验法和情景模拟法。

1. 观察与调查

观察法是较为原始的一种研究方法,即通过一定程序收集资料,以期获得描述性的数据来简化复杂现象的过程。常用的调查方法包括问卷法和访谈法。问卷法是以书面形式向受调查者提出问题,受调查者也需用书面形式回答问题以搜集信息的一种调查方法。访谈法是通过与被访谈者有目的地交谈以搜集事实资料的方法。在了解人的思想、观点、意见、动机、态度等心态时,访谈法更具有独特的作用。

2. 相关法

相关法是系统性的观察方法,与观察法一样,也是一种基于描述的科学研究方法,不能解释变量间的因果关系。但相关法不同于观察法的简单描述,相关系数表示了变量间的联系紧密程度。

3. 实验室实验法

传统的实验法指的是实验室实验法。实验室实验法具有以下优点。

① 更严格地控制或排除干扰变量或无关变量对实验结果的影响,使得对自变量和因变量关系的揭示不易受无关变量的污染。

② 对被试行为的控制更为容易,实验者可根据自己的意愿对被试进行操纵,产生所需研究的行为,而不必受被试所处情境的局限。

③ 实验室实验的可重复性高,某一实验室中所得出的结论可以被反复验证。

正因为实验室实验法有上述优点,所以研究者往往将生活中发生的心理现象搬入实验室,以期能在严格控制的条件下揭示这些心理现象的特点。但是,实验室实验不是完美的。随着实验室实验的应用与发展,它的弱点也在慢慢地显露。实验室实验虽然具有较高的内部效度(internal validity),但是其外部效度(external validity)是值得怀疑的,实验者可以在实验室中模拟大量生活情境,但是实验室模拟的情境毕竟和生活中的真实情境有一定的区别,所以被试在实验室情境中所发生的各种行为不一定在真实情境中也会发生,实验室对真实情境的模拟毕竟不是完美的。鉴于此,实验者们希望在更加真实的情境中进行实验,揭露被试的心理特点。

4. 现场实验法

现场实验法(field experiment method)是指在真实的现实情境中,对被试的行为进行一切可能的控制,来揭示自变量和因变量间的关系。与实验室实验法相比,它具有真实、自然的特点,其研究结果的生态效度(ecological validity)和外部效度较高,研究结论的推广性较好,因为实验就是在所需推广的情境中进行的。对于工程心理学这一应用学科来说,现场实验法可谓是研究的首选。然而,现场实验也有缺点,由于控制不够严格,结论有时会受到许多无关变量的污染。

5. 情境模拟法

综上可以发现,实验室实验法虽然能严格控制变量,纯化自变量和因变量间的关系,结论的内部效度较高,但是结论的推广性不好,实验的外部或生态效度低,研究结论只能在某一层面上解释,结果不能在日常生活中直接应用。而现场实验法虽然能适应应用的要求,但存在着无关变量难以控制、实验结论容易受到干扰的缺点,研究的内部效度不高。对此,研究者希望能结合实验室实验法和现场实验法的优点,并弥补两者的缺点,情境模拟法便在这种情况下,应运而生了。

模拟(simulation)或模仿(imitation)指的是对实际事物或现象的仿真。情境模拟法,顾名思义,就是要通过模拟技术创造出与所要研究的现实情境相同或相类似的情境,使被试在这种情境中产生与处于真实情境中同样的心理状态,从而借助这种模拟的情境来研究被试在真实情境中可能发生的心理状态。由于模拟的情境和真实情境很像,研究的外部效度较高,研究结论较易推广,这就避免了实验室实验法的缺点。另外,研究者可以根据实验的需要控制无关变量,随意地设计模拟情境,也可以根据需要来选择被试,较少发生被试流失的现象。模拟情境是实验者设计,并非自然界已存在的,所以其他实验者也可以通过相似的方式或仪器进行重复设计,反复验证实验的结论。总之,情境模拟法的内部效度较高,研究结论可信、可靠度高,兼备实验室实验法和现场实验法的优点,是工程心理学中一种比较理想的研究方法,在工程心理学研究中得到广泛的应用。

不过,情境模拟法研究的效果在很大程度上取决于模拟的逼真度。逼真度越高,得到的结果越接近于实际情形。情境模拟法研究的逼真度主要包含设备逼真度(equipment fidelity)、环境条件逼真度(environment fidelity)、作业活动逼真度(task fidelity)和心理感受逼真度(psychological fidelity)。其中,心理感受逼真度对研究结果具有重要的作用。心理感受逼真度的高低一方面取决于模拟情境中的设备、环境因素和作业任务的逼真度,另一方面取决于被试在实验时的认真程度或心理上投入的程度。在模拟实验中,被试虽然知道面临的不是真实的情形,但在情境中的设备器物、环境、活动任务具有高逼真度的情形下,容易产生逼真的心理感受。

9.2.2　研究方法实用举例

本节以 FAA 的 CAMI 对不同倒班方式开展的研究为例,了解各种方法在空管人为因素研究中的应用。

20 世纪 90 年代末期,NTSB、NASA 及来自其他组织的研究者都在积极地提高安全相关职业中对疲劳的重要性的意识(Dinges et al,1996)。1999 年,美国国会提供资金,让 CAMI 对 FAA 管制人员进行一项范围广泛全面的调查,以确定管制员疲劳的程度及现行倒班模式和实际轮班工作对管制员身心健康和效能的影响。CAMI 采用一个多阶段的研究计划,第一阶段涉及对管制员队伍进行广泛调查;第二阶段为更深入的、后续的实地研究,使用客观测验验证调查的结果;第三阶段为可以进行实验控制的实验室研究阶段,以便直接地,以经验为根据,将逆时针快速轮换的 2-2-1 倒班模式与科学文献中推荐的顺时针快速倒班模式进行比较。

1. 对管制员队伍的调查

为保证在国会委托的研究中收集的数据能与其他倒班工作群体进行比较,CAMI 选用标准倒班工作指标(standard shift indicator,SSI)(Baron,Spelten,Totterdell,et al,1995)作为调查工具。SSI是评估受测者的倒班模式、工作满意度、睡眠模式、疲劳、身心健康及社会和家庭生活的一套标准问卷。为了适合在空管环境中进行评估,CAMI对SSI进行了修改。

1999年11月末,共计分发22 958份调查问卷。返回的有用问卷比例为28.7%。这一组合样本中,管制员年龄大多在35岁以上(84%),报告平均有19年的倒班工作经验。虽然这一群体年龄略大一点,但与常模组比较,空管专家报告的心理健康程度类似或高一些,管制员报告的认知焦虑低,心血管问题、消化紊乱、慢性疲劳程度都比较低,两者相当,管制员报告的总体工作满意度要高一些。然而,管制员报告的社会和家庭生活紊乱程度比常模组要大。

为考察倒班模式对因变量的影响,CAMI选择了4种常见的倒班模式进行分析。第一组管制员按照连续班(standard shift,SS)($n=731$)的模式工作,包括连续早班、白班、正午班或夜班。第二组管制员按逆时针快速轮换、没有午夜班(CR)($n=1 994$)的模式工作。CR组倒班模式为:一般一开始是下午班,然后开始工作时间逐渐提早,一周的工作以早班结束。第三组是逆时针快速轮换、有午夜班(CRM)($n=1 486$)的倒班模式工作。传统的2-2-1倒班模式就属于这一组。最后一组是连续-5(S5)($n=313$)模式,梅尔顿(Melton)与巴塔诺维奇(Bartanowicz)1986年曾考察过这种倒班模式。这种倒班模式为连续一周上同一个班,然后在下一周连续上另一个班(开始工作时间提前)。

对修订后的SSI数据的分析结果显示,如同预计的一样,2个有午夜班的倒班组——逆时针快速轮换,有午夜班模式工作和连续-5模式工作的测量结果要差一些。而连续-5比逆时针快速轮换,有午夜班模式工作倒班模式导致的结果更糟。

2. 空中交通倒班工作和疲劳评估——空中交通安全实地研究

研究者设计了国会要求的、检查管制单位实际倒班工作对管制员的影响研究的第二阶段,以提供经验性数据,作为对全国性调查所收集到的自我报告数据的补充。参与者为在终端雷达进近管制(terminal radar approach control,TRACON)塔台($n=19$)和航路管制中心($n=51$)工作的70名专职的全效水平管制员。参与者需完成为期3周的研究方案,前10天测量参与者的认知效能,活动记录检查(睡眠/觉醒);整个21天中通过睡眠日志,自我报告其睡眠持续时间和睡眠质量,并完成各种认知、主观情绪、困倦等量表测量。

研究者选择CogScreen航空医学版本——先进资源开发公司和乔治敦大学开发的一个计算机成套测验(Kay,1995),进行效能测量,因为它能探测到认知功能方面细微的临床变化。对CogScreen数据的分析显示,年龄对效能有重要影响,在涉及信息处理速度和注意力分配的测试中存在差异。研究者还分析睡眠持续时间、睡眠质量、情绪及主观困倦(standard shift sleep,SSS),以研究上班开始时间、倒班模式及快速轮换带来的影响。

3. 实验室研究——2-2-1逆时针模式与顺时针快速轮换的比较

CAMI采用实验室实验法,对2-2-1逆时针模式和顺时针快速轮换两种不同的倒班模式直接进行比较。研究者采用为期3周的方案。28名参与者先上一周的白班(8:00-16:00),随后2周则采用这两种倒班模式中的一种倒班模式工作。在这两种倒班模式中,2个下午班都安排在14:00-22:00。2个早班都安排在06:00和14:00之间。最后,午夜班都安排在

22：00—6：00。14 名平均年龄 40.6 岁(sd＝9.4)的参与者(7 名男性、7 名女性)按顺时针方式倒班。14 名平均年龄为 41.9 岁(sd＝9.0)的参与者(5 名男性、9 名女性)按逆时针方式倒班。

研究者使用多任务效能成套测验(MTPB)作为模拟工作环境,并作为效能测量方法之一。在每次值班开始和结束时,还用 Bakan 警戒任务来测量参与者的警觉性。参与者完成一个日志,记录睡眠参数、睡眠质量和困倦评价、情绪及其他日常活动数据。研究者用一个非固定的生理监视器(2000 系列 Minilogger,MiniMitter 公司,Sunriver,OR),测量体温、手腕活动及周围环境光照。在基准周结束时,研究者收集了唾液样本,以便进行退黑激素和皮质醇化验,在 2 个倒班工作周的同样时间也收集了这一样本。

研究结果显示,这两种倒班模式,每种值班类型,效能所受影响在很大程度上是类似的,如果有什么区别的话,逆时针倒班时效能更好些。

通过调查研究、实地研究和实验室实验,CAMI 最终确定不同倒班模式所带来的影响,并据此开发了疲劳的对策,尤其是午夜班的时候如何应对疲劳,以及适当的排班策略等。

9.3　人为因素的研究和发展概况

早在 1986 年前,美国联邦航空局局长 Admiral Donald Engen 曾指出"我们在硬件上花了 50 年的时间,现在硬件已非常可靠了,如今该是研究人如何在一起工作的时候了"。这表明航空界已充分认识到人为因素的重要性。20 世纪 70 年代末至 20 世纪 80 年代是航空中人为因素研究和应用迅速发展的时代,驾驶舱资源管理、面向航线的飞行训练(line oriented flight training,LOFT)、人为因素训练大纲、态度训练大纲和类似方法得到快速发展。虽然开始阶段研究应用主要集中在飞机和机组方面,但近十多年来已扩大到空管、维修和签派等所有航空运行领域。在空管领域,除了在人的感知、认知、信息处理、判断决策等方面有了较深入的研究和实际应用外,在管制员的班组资源管理方面,1994 年以来欧洲已做了大量深入研究,建立和开发实施了班组资源管理指南及基于该指南的训练课程。未来的新航行系统(包括 CNS/ATM 系统)中的人为因素研究都在进行中。

9.3.1　ICAO 有关人为因素的规定

ICAO 先后对人为因素问题进行了研究并做出若干规定,发布了一些相关文件。

① 1988 年发布关于"飞行安全与人为因素"决议 A26－9。航行委员会提出了任务的目标:为改善民用飞行安全,对人为因素的重要性要有足够的认识并积极响应,办法是提供基于实践的人为因素的材料和方法。

② 建议训练机构提供这方面的训练,重点是放在驾驶舱中的人和影响安全飞行能力的人为因素。

③ 通过修订芝加哥公约的有关附件在人员执照、航空器的运行、航空电信、空中交通服务、航空器失事调查中增加人为因素影响的训练内容,见表 9－1。

表 9 - 1　ICAO 在芝加哥公约的相关附件中加入有关人为因素的标准和建议措施

附件(年)	章节	标准和建议的内容
1. 人员执照(1989)	4.3　空中交通管制员执照	4.3.1.2　知识、人的能力和限制 d)与空中交通管制有关的人的能力和限制
6. 航空器的运行(1995)		训练和执照要求
10. 航空电信 Vol. Ⅱ 包括与 PANS 状态有关的通信	第 5 章　航空移动通信服务 5.1　概述	5.1.1.3　建议:在所有通信中,应考虑可能影响信息的准确接收和理解的人的能力造成的后果
10. 航空电信 Vol. Ⅳ 监视雷达和防撞系统	第 2 章　概述 2.2　人为因素考虑	2.2.1　建议:在监视雷达和防撞系统的设计、审定中应观察人为因素准则
11. 空中交通服务	第 2 章　概述 2.2.2　在紧急情况下对飞机的服务	2.2.2.1.1　建议:在紧急情况时的 ATS 单位与飞行间的通信应观察人为因素的准则
13. 航空器失事调查(1994 年)		增加了人为因素训练的要求

④ 增加人为因素在现在和未来运行环境中的作用,侧重在未来的 ICAO 的 CNS /ATM 系统中人为因素问题对系统设计、过渡和使用中的影响。

⑤ 有关 ATM 的人为因素指南 ICAO Doc 9758 - AN / 966 (2000 第一版)。

⑥ 在航行任务程序《航空器运行》(国际民航组织 8168 文件)、《空中交通管理》(国际民航组织 4444 文件)和运行手册的编写(国际民航组织 9376)中都加入了有关人为因素的条款。

⑦ 在航空器运行文件(国际民航组织 8168)、《空中规则与空中交通服务》(国际民航组织 4444)和运行手册的编写(国际民航组织 9376)中都加入了有关人为因素的条款。

9.3.2　美、欧在空中交通管制人为因素方面的研究概况

美、欧在空中交通管制人为因素方面的研究比较全面和深入,目前主要在以下方面。

① 全球定位系统中的人为因素及其训练和使用问题。

② 改善空中交通管制中团队工作的训练问题。

③ 空中交通管理中的协作和决策问题。

④ 空中交通管制中的决策。决策中的形势意识,航路管制的任务分析方法,空中交通管制中计划的产生,决策的辅助方法。

⑤ 空中交通管制员的选拔。选拔的测试方法,未来空中交通管理对能力的要求。

⑥ 空中交通管制的显示方法研究。

⑦ 与空中交通管制中运行差错有关的人为因素。

⑧ 对应激、疲劳的研究。

⑨ 空中交通管制员的生理研究。年龄与航路运行差错,年龄与工作态度,年龄与认知能力的关系。

⑩ 空中交通管制员的能力评估。

9.3.3　我国空管在人为因素方面的研究成果和应用

在总局空管局人为因素工作小组指导下,通过与院校和研究所密切协作,经过近 2 年的努力在空管人为因素研究与应用方面已经取得如下初步成果。

1. 建立了民航空管安全信息系统(ASIS)

民航空管安全信息系统是一个实时收集、综合处理和统计分析涉及各种空管安全的信息,实现全国空管安全状况报告、分析,以达到主动监控,安全关口前移,还将实现空管安全信息系统化、规范化管理的现代化信息系统。该系统将为空管安全管理部门分析安全形势、开展安全管理决策提供科学依据。

2. 翻译和出版了空管人为因素相关文件、教材和资料

2001 年收集到国际民航组织关于航空中人为因素方面文件 8 本和 1 本《国际民航组织人为因素研讨会论文集》,此外还收到美国运输部和联邦航空局颁发的《在设计和评估空管系统中的人为因素检查单》《空管人为因素使用手册》等,目前已经选择编译完成其中 4 本:《空管中人为因素》《CNS/ATM 中人为因素》《事故与事故征候调查中的人为因素》《先进技术驾驶舱所涉及的操作问题》。

3. 组织开展了一系列有关空管人为因素的活动

总局空管局成立空管人为因素专家小组,组织院、所开展空管人为因素的研究工作,广泛收集国内外空管典型事例,举办空管人为因素学术研讨会,开展人为因素的培训,组织人为因素的专题出国考察,进行空管人为因素的普及宣传等。

Ａ课后习题

1. 人为因素研究的作用包括哪些?
2. 人为因素研究的方法包括哪些?
3. 国际民航组织有关人为因素研究的成果包括哪些方面?
4. 美国人为因素研究的成果包括哪些方面?
5. 欧洲人为因素研究的成果包括哪些方面?
6. 我国人为因素研究的成果包括哪些方面?
7. 思考一下面对航空系统发展,未来航空中的人为因素应如何研究?

附录1 飞行中生理学方面问题

安全飞行是每一个航空飞行人员的基本要求,也是一项任重而道远的工作。充分了解和掌握飞行中飞行员自身在视觉、听觉、意识、认知等方面限制,并了解和掌握实际飞行过程可能存在的人为因素,对于提高飞行中安全水平,保障飞行安全具有重要作用。

一、视觉、听觉和前庭觉问题

(一)视觉问题

管制员指挥飞机时需要了解飞行员易犯的错误,如在进近时对高度的错误判断、光线引起的定向障碍等问题。如果管制员了解飞行员在特定的情境下容易出现的这些问题,就可以帮助飞行员进行判断。

1. 适应

环境光线明暗变化对人看清物体的影响称为视觉适应,有明适应和暗适应两种。人由暗处走到亮处时的视觉适应过程称为明适应。明适应需要大约 1 min 的调整适应时间。人由亮处走到暗处时的视觉适应过程称为暗适应。暗适应需要大约 30 min 的调整适应时间。

暗适应的预防有以下方法:

① 避免强光的照射。

② 突遇强光,闭一眼。

③ 由明→暗,可戴上太阳眼镜。

④ 夜航中,调好仪表板照明灯的亮度。

频繁眨眼有助于暗适应。

2. 眩光

视线离开眩光源后相当一段时间内,看不见其他物体的眩光叫失明眩光,如观看电焊眩光后,造成的暂时失明;只引起视觉上的不舒适,并不影响视功能的眩光叫不适型眩光或心理眩光,例如,飞行员由于仪表板上不适的光照引发的读仪表困难;不适感加重且视觉功能下降甚至严重影响视觉功能的叫生理眩光或失能眩光,又称高空目眩。

对眩光的防护方法是及时佩戴防眩光眼镜。

3. 空虚视野近视

在目标物不明确或无特征的空域中,由于外景没有特征,不能引起眼睛的注意,使睫状肌处于持续的放松状态,此时晶状体因其本身的弹性向前凸出,使眼的聚焦点位于前方 1~2 m 处的空间某点,飞行员的视觉便呈功能性近视状态,这种现象称为空虚视野近视。飞行员往往会把同样大小的物体看成较小的物体,把同样距离的物体看成较远的物体。塔台被雾笼罩时,管制员也会经历这种现象。

克服方法是频繁地在机翼尖或机头的无限远之间来回扫视。

4. 盲点

航空活动中的盲点分为生理盲点、夜间盲点和飞机盲点。

① 生理盲点。物体光线聚焦到视觉感光系统的盲点上,造成看不见物体,这是由生理构造所决定。

② 夜间盲点。它指视网膜中央凹处,在正视前方物体时,物象投射在视网膜中央凹处,而带着一定角度看物体时,则投射于视网膜中央凹周缘。晚上看东西时,若正视前方物体,物象投射在视网膜中央凹处的视锥细胞上,因为视锥细胞不能感受弱光,因此,人看不清物体,感到视觉模糊。克服办法是在夜间通常建议偏离物体中心 5°~10° 做缓慢扫视,使物象投射在视网膜中央凹周缘的视杆细胞上,即所谓偏离中心注视法。

③ 飞机盲点。飞机设计缺陷或操纵过程中产生遮挡飞行员视野或视线的飞机部位,都可称为飞机盲点(应考虑座位基准、视线、正常飞行驾驶盘位置等)。

5. 空中相撞及视觉扫视

① 相向相撞的可能的原因是缺参照物,空虚视野近视,白天飞行时,其他飞机的物像没有落在视网膜中央凹处(白天,锥细胞)。

② 同高度带会聚角相撞。因为它难发现,事故率随会聚角减小而增加。1944—1968 年 105 次这类事故的统计分析表明,10° 以内更难发现,占总事故的 35%。

③ 在爬升和下降过程中相撞。除空中交通管制指挥错误和飞行员错误外,常可归因于飞机盲点。由于飞机盲点的存在,爬升的飞行员不能向上向前看,而下降中的飞行员又不能向前向下看。解决办法有扫视,分区横扫、上下扫视。昼、夜扫视目的相同,但扫视的速度和范围不同,昼间比夜间较快和较大。作大半径的 S 形飞行,可以克服飞机盲点。

从附图 1-1 的曲线中可以明显看出,对扩张明显的运动线索的探测发生得太晚,无法避免相撞。相撞前 3 s,飞机的视觉弧度为 0.5°,根本无法探测到它的出现。到 0.38 s 时,视觉弧度为 4°,这才可以较明显地看见来机。然而,这时飞行员已经来不及做出任何反应来避免相撞了。

以恒速向我们飞来的物体在我们眼里占据的角度会不断增大,但直到两机危险接近或相撞前的最后几秒钟之前,角度的增大非常难以被探测到,也很少能被注意到。

飞行员常规性的扫视无论如何也不足以避免空中相撞。扫视前方视野所需的 10 s 明显太长。当飞行员的眼光扫视过来机的特定空域时,它尚低于视网膜中央凹处的探测下限,然而 5~7 s 后它便到达了相撞点,而这时飞行员的眼光尚未扫回到这一点。附图 1-2 为飞行员为规避其他飞机所需反应时间。

6. 视觉固着、运动物体及闪光对飞行的影响

① 视觉固着是指视觉过分集中于某物而将其他物体排除在外的现象。例如,美国东方航空公司的一架飞机,机组人员的注意力都集中在起落架的指示灯上,而忽略了近地警告造成失事。

② 外界物体的运动对视觉的影响。当自然界或人造的运动物体以某种形式使飞行员的视觉部分受遮挡时,就会影响飞行员的视觉信息输入。如雨中或雪中飞行,使飞行员分散注意力,引起空虚视野近视,还可能产生催眠效应。

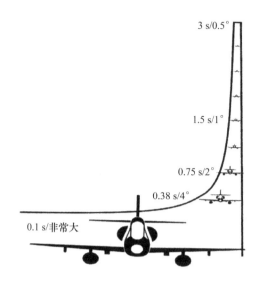

附图 1－1 距相撞的时间和来机的视觉弧度

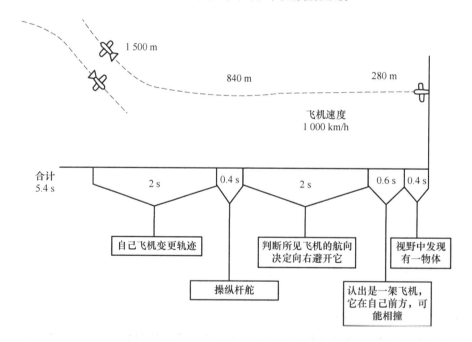

附图 1－2 飞行员为规避其他飞机所需反应时间

③闪光信息影响。(4～20)次/s 的闪烁光可引起闪光性眩晕。如飞行员透过慢速转动的螺旋桨注视前方的太阳,雾中脉冲型防撞灯的刺激,直升机螺旋桨反射光等。

克服方法包括避免透过螺旋桨看光源,经常做小范围的螺旋桨转速比的变化,以及尽可能快地使飞机偏离太阳光源。

7. 飞行中的视性错觉

(1)虚假天地线错觉

自然天地线不清,按虚假天地线飞行。

① 起降时,误将城市或海边的大片灯光误为天地线。

② 巡航中将倾斜的云层误为天地线,如附图 1-3 所示。

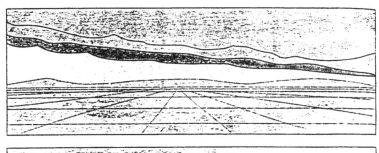

附图 1-3　比自然天地线更突出的斜坡云层可引起强烈的虚假天地线错觉

(2) 光线引起错觉

习惯的天地线是上明下暗。

① 云中飞行时,由日光投射方向不同而引起,如光线从机头方向透射过来,可产生上仰错觉;若光线从机尾透射过来,则产生下滑错觉。

② 云间飞行时,上云厚黑误为地,下云薄亮误为天(倒飞错觉)。

③ 坡状云。飞机向云顶方向平飞时,感觉飞机在下降;反之,向云顶下坡方向平飞时,感到飞机带着仰角在上升,如附图 1-4 所示。

④ 地面(水面)亮,空中暗,天地颠倒(倒飞错觉)。

附图 1-4　飞机向云顶方向平飞

（3）视性距离/高度错觉

① 斜坡云层诱发出两架不同高度的飞机将在同一高度上相遇的错觉。其原因是受云的坡度的影响,飞行员将上方平直飞行的飞机误认为是带俯角的,正向着自己俯冲下来。这就是1965年一架B707和一架洛克希德1049C在3 353 m(11 000 ft)相撞的主要原因,如附图1-5所示。

附图1-5　由于斜坡云层诱发的两架飞机处于同一高度的错觉

② 斜坡地形如附图1-6所示,斜坡跑道如附图1-7所示。斜坡地形和斜坡跑道都会引起高度错觉。当机场跑道或机场附近地形向上带坡度时,可使飞行员产生进场偏高的错觉;而向下的坡度,则产生进场偏低的错觉。

③ 跑道宽度引起高度错觉。比常规跑道宽的跑道在五边上的同一点看起来要比真实高度低一点,而比常规跑道窄的跑道看起来却比真实高度要高一些。

④ 黑洞效应。它指黑夜在仅有跑道边灯,无城镇灯光和街灯,也没有周围自然地形参照的情况下,引起进场偏高的错觉现象。1974年一架B707在某机场着陆时发生的事故主因就是黑洞效应,死96人。

⑤ 白洞效应。它指跑道周围被白雪覆盖,使飞行员在进近过程中无参照物可寻,导致难以发现跑道或主观感觉进场偏高的错觉现象。

1993年11月20日深夜,一架马其顿航空公司租用的雅克-42型客机,载有108名旅客和8名机组人员,从日内瓦飞向马其顿首都斯科普里机场,准备降落。因气候条件极差,当地有暴风雪和浓雾,机场临时关闭。飞机改飞到离首都南面大约160 km的奥赫里机场降落。这里天气条件也不好,能见度很低,但在几个小时之前曾有一架飞机顺利降落。飞机两次试降不成功后,准备第三次试降。由于驾驶员看不清被白雪覆盖的山头,错误地估计了飞机同跑道之间的距离,过早降低了飞机的高度,结果撞在海拔为1 500 m的一座山坡上,当即爆炸起火,机上116人中仅1人生还。

（4）视性运动错觉

视性运动错觉是指由不适宜的视觉线索引起的速度错觉和虚假运动错觉。

① 诱导运动错觉。当飞机落地后滑向登机桥时,如飞行员产生诱导运动错觉,会以为静止的登机桥在向自己移动而采用刹车,这很可能引起乘客受伤。

② 吹雪改变了飞行员的速度知觉。例如,冬季吹雪席卷整个机场,当飞机仍处于地面滑行状态时,因受吹雪的影响,飞行员会以为飞机已处于静止状态,如果一直受这种错觉支配,飞

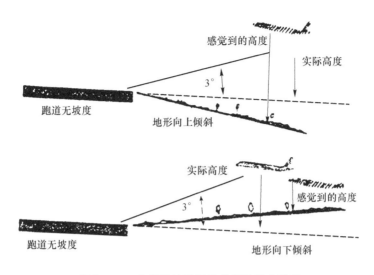

附图 1-6　由斜坡地形诱发的进近高度错觉

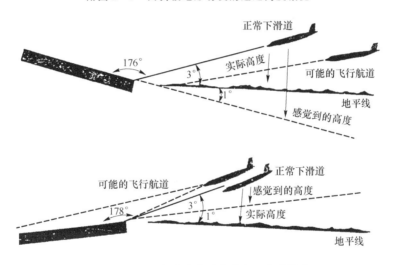

附图 1-7　由斜坡跑道诱发的进近高度错觉

机便有可能撞上障碍物。起飞时,飞行员若受吹雪影响还会干扰正常的方向控制。

　　③ 滑行时飞行员眼睛的离地高度也可使飞行员误判滑行速度。训练由小飞机向大飞机改装的飞行教员常报告说,这些经改装飞机训练的学员都有滑行速度过快的现象。其原因在于大飞机座舱比小飞机座舱要高一些,这些飞行员由于坐得较高,因而选择的视觉参照物便要离飞机远一些,这使他们产生滑行速度相对较慢的错觉,导致实际的滑行速度过快。譬如,波音 747 飞机的眼基准位置设计是离地 8.66 m,而 DC9 却只有 3.48 m。

(二) 听觉和前庭觉问题

1. 航空噪声和危害

　　噪声是指令人不愉快的、心烦意乱的杂乱声音。发动机、飞机与空气之间的摩擦等都是噪声源。

以下是噪声的影响。

① 影响听器官。造成听力阈限位移,即听力的损失。它包括暂时性的阈限位移和永久性的阈限位移两种。

② 对功效的影响。主要影响复杂的智力活动。

③ 影响座舱通话。噪声对言语有掩蔽作用,影响通话的可懂度,飞行中飞行员应该佩戴装有受话器的隔声帽或头盔,或抗噪声的送话器预防和克服噪声的影响。

飞行员尤其是通用机飞行员应该注意以下事项。

① 飞行中应佩戴噪声防护装置。

② 限制在噪声中暴露的时间。

2. 运动病

由于实际或运动刺激导致人体心理和生理上的不适应,出现恶心、呕吐、面色苍白、出冷汗等症状,也就是人们常说的晕机、晕船、晕车。飞行员在身体不良和天气异常的情况下较容易发生。

运动病的矫正和预防有如下方法。

① 不做不必要的动作,只要不影响观察,头应减少运动。

② 尽可能避免在遄流中飞行,防止动作粗猛引起飞行姿态的急剧变化。

③ 提高自己的处境意识,明白特定的飞行情景可能导致的视觉——前庭感觉信息冲突。

④ 集中精力于特定的飞行任务上,避免预期效应。

⑤ 加强抗运动病的前庭器官的锻炼。

⑥ 服用抗运动病药物。

二、高空飞行带来的影响

(一) 高空缺氧症及换气过度

在高空由于人体细胞不能得到充分的氧气,人体功能将受到影响,这种现象称为高空缺氧症。缺氧将导致生理和心理机能的降低。

预防和克服的措施有以下几种。

① 在未供氧的条件下,若客舱压力高度为 3 810 m(12 500 ft),飞行持续时间不得超过30 min,禁止在 14 000 ft 以上高度飞行。当飞行员在 3 048 m(10 000 ft)以上高度或者夜间在1 524 m(5 000 ft)上飞行时,应该使用供氧设备。

② 熟知引起各类缺氧症的原因,建立良好的情景意识。

③ 保持良好的身体状况,增强对缺氧的抵抗力。

④ 在驾驶舱内不吸烟。

⑤ 及时供氧气或戴上氧气罩。

换气过度是指过快、过深地呼吸所引起的体内氧气过剩,血液 CO_2 化学平衡被打破的现象,主要症状包括以下方面。

① 眩晕感。

② 手指和脚趾震颤。

③ 肌肉痉挛。

④ 发冷。

⑤ 昏昏欲睡。

⑥ 衰弱或注意力不集中。

⑦ 心跳加速。

⑧ 忧郁和思维混乱。

⑨ 意识丧失。

换气过度的识别与克服方法：如果在某一高度上，飞行员供氧后仍然觉得气喘吁吁，就很可能是换气过度。此时应有意识地降低呼吸频率，减少呼吸深度，找机会多说话及缓慢地吸入一小袋 CO_2，就可以克服换气过度。

缺氧症的危害在于使人的生理和心理机能都降低，这将直接危及人的生命和飞行的安全。它发生的原因与环境有关，也与人本身的状况有关。加强身体的锻炼可以增强人体对于缺氧的抵抗力，学习有关缺氧症的知识则可以及时发现缺氧，并且可以增强自信心。

识别缺氧与换气过度是克服换气过度的根本所在。

(二) 高空低气压对飞行员的物理影响

通常情况下，高度越高气压越低，如果没有防护设备，人体一些空腔器官将受到影响。

1. 高空胃胀气

如果突然遇到气压的变化，人的胃肠会有不适应的感觉。

有以下几种预防方法。

① 进餐不能太快。

② 定时定量进餐，一般应该在飞行前 2 h 进餐。

③ 飞行前少吃或不吃不易消化的食物及产气食品，如蛋、大豆、胡萝卜、土豆、可乐、面包、面条、啤酒等。

④ 及时排空大、小便。

2. 高空减压病

飞机在爬升的过程中可能发生的一些特殊症状，表现为关节疼痛、皮肤刺痛或者是瘙痒、咳嗽、胸痛，极端时会导致休克。通常在 8 000 m 以上高空，停留一段时间之后发病，低于此高度则能够消失。

克服措施有非减压性潜水(9.144 m 以下)，至少应相隔 12 h 以上才能飞行；减压性潜水(9.144 m 以上)，则应该间隔 24 h 后才能飞行。

3. 中耳气压性损伤

在飞行中，由于高度急剧变化，气压也突然变化，这时由于中耳内气压与外部气压不同，鼓膜受到压力，产生耳痛，听力下降等。中耳气压性损伤多发生在 4 000 m 以下的高空，尤以 1 000~2 000 m 高度为最多。

预防和克服方法有以下几种。

① 运动软腭法。手摸喉结，发"克"音，或张大口用力模仿打哈欠的动作。

② 捏鼻鼓气法。它常用于飞机下降时,捏紧鼻孔,闭口用力,向鼻咽腔鼓气,使气体从鼻咽腔冲开咽鼓管。

③ 吞咽法。有习惯性耳压问题的飞行员,在飞行前可以用手捏鼻鼓气,吹张鼓膜,再做吞咽动作,使鼓膜复原,连续 3～5 次便可以收到良好的效果。

三、时差与时差效应

由于地理位置不同,地球上不同地区之间存在时区差别,这种现象称为时差。当乘飞机高速向东或向西作跨越时区飞行时,飞行人员和乘客的昼夜生物节律与当地的时间会不同步,导致生物节律紊乱,各项功能降低,这种现象称为时差效应。

1. 时差效应的影响

① 时差效应影响人的智力,会使人的智力活动水平降低。比如,向东跨越时区飞行后,如果抵达地时是在中午前后,智力活动水平下降 10%。其具体表现是不能迅速集中注意力进行思考,精神抑郁,决断问题的时间及操纵反应时间延长等。如果向西飞越 6 个时区后,在抵达地的黄昏前和黄昏时,智力明显下降,降低 8%。

② 时差效应会导致生理活动的紊乱,体温、心血管、新陈代谢及内分泌等生理功能的昼夜生物节律均发生去同步,表现为疲劳、失眠、胃肠道症状、排泄机能失调、性功能障碍等。发生时差效应后,生理心理功能紊乱的程度跟很多因素有关,如个体的差异、飞行的方向、时区的差别、停留的时间等。

③ 时差效应及夜间飞行还会导致飞行人员的睡眠扰乱和缺失。研究表明,睡眠时相人为改变 2～4 h 将会使飞行员的警觉水平和计算能力遭到严重的破坏。例如,连续两夜睡眠缺失达到 2.5 h,飞行员就会遗漏许多重要信息,操作成绩时好时坏,且随飞行高度和工作复核的增加,操作效率下降愈明显,还会改变工作态度和心境,最可怕的是,会使飞行员自我意识能力降低。

2. 克服时差效应的措施

① 合理安排作息制度,保证充足的睡眠时间。

② 改善认知方式,防止先入为主和屈从。

③ 积极调整情绪,增强抵抗的自信心。

3. 促进睡眠质量、补足睡眠缺失的方法

① 保持安静的睡眠环境,避免日光照射。

② 选择舒服的卧室。

③ 制定良好的睡眠计划。

④ 保持良好的身体状况,睡前不吃刺激性的食物。

⑤ 不要在极度疲劳时才睡眠。

⑥ 避免激烈的心理活动,轻松上床。

⑦ 做东西方向跨时区飞行后,应先睡 3～4 h,夜里再长睡一次。

⑧ 避免食用酒精药物。

⑨ 合理运用心理放松和自我催眠的心理学方法。

附录 2　ICAO 有关人为因素

　　ICAO 根据航空中人的作用和特点,发布了多项有关航空中人为因素 Human Factors 的文件。这些文件发布的对象虽然有所不同,但是都在预防人的差错等方面具有很强的适用性和实用性。

　　ICAO 发布的较新的有关航空中人因的文件主要内容如附表 2 - 1 所列。

附表 2 - 1　ICAO 发布航空中人因的文件

ICAO	Time	Content
Human Factors Guidelines for Safety Audits Manual	2021 - 01 - 26	ICAO, Human Factors Training Manual, Doc 9683, 1998. 2 - 1, Chapter 2 BASIC CONCEPTS IN HUMAN FACTORS 2. 1 INTRODUCTION 2. 1. 1 In a high - technology industry such as aviation,
ICAO Safety Management Manual	2021 - 01 - 09	International Civil Aviation Organization. 2 TABLE OF CONTENTS ... Human Factors Training Manual (Doc 9683) which describes in greater detail much of the
Competency and Training 2012 ICAO FPL	2021 - 01 - 25	Competency and Training 2012 ICAO FPL Andi Cristian SAVA ATFM Inspector ... (ICAO, Doc. 9683Human Factors Training Manual) Thank you! Title: Romanian CAA
CAA - AC - AGA022 Human Factor Principles for Emergency Planning	2021 - 01 - 07	2. 2 ICAO Doc 9683 - ICAO Human Factors Training Manual 2. 3 FAA HFM - AO - 07 - 01 Human Factors Manual for Airport Operations 2. 4 ICAO Doc 9137
HUMAN FACTORS AND CREW RESOURCE MANAGEMENT TRAINING	2021 - 01 - 07	Human Factors Training Manual. Doc - 9683. ICAO: Montreal. x ICAO. (1989). Human Factors Digest ... 4. 1 The International Civil Aviation Organization

附录3 民航局《关于全面深化运输航空公司飞行训练改革的指导意见》

民航局出台《关于全面深化运输航空公司飞行训练改革的指导意见》(以下简称《指导意见》)。根据《指导意见》,到 2030 年,将全面建成支撑有力、协同高效、开放创新的新时代中国特色飞行训练体系,飞行训练研究能力、实施能力、创新能力、可持续发展能力和国际影响力位于世界前列。

飞行训练工作是保证飞行安全,实现民航高质量发展的基础性工作。实践表明,通过有效飞行训练可以大幅降低不安全事件和事故的发生率。当前,我国民航运输总量保持快速增长态势,但飞行人力资源结构性不平衡状况等问题依然突出,航空公司在正确处理安全与训练、发展与训练、作风与训练、运行与训练的关系上存在偏差。为落实民航局"三基"建设要求,坚守飞行安全底线,显著减小机组原因导致的事故率量级,大幅降低人为原因不安全事件比例,持续推动运输航空高质量发展,民航局在充分调研各运输航空公司训练现状及政策供给需求的基础上,制定了《指导意见》。

《指导意见》共 4 部分 11 条。《指导意见》提出,新时代中国特色飞行训练体系要遵循"以风促训""依规施训""从严治训""统筹运训"的基本原则,同时明确了新时代中国特色飞行训练体系建设的总体目标和战略步骤。根据战略目标,到 2025 年,基本建立运输航空公司飞行员技能全生命周期管理体系;到 2030 年,全面建立运输航空公司飞行员技能全生命周期管理体系。

《指导意见》明确,新时代中国特色飞行训练体系建设的四项主要任务和举措为:调整飞行训练理念,实现飞行员技能全生命周期管理;巩固作风建设成果,探索建立飞行作风量化管理制度;充实人员资质保证体系,建立全链条连带责任追溯机制;提高训练秩序管控能力,优化创新训练要素配置逻辑。围绕这四项主要任务,将分阶段逐步建立以核心胜任能力量化管理为特征的飞行员技能全生命周期管理体系,实现飞行训练理念的"六个转化";全面提升思想作风认识,扎实推进飞行作风量化管理;严把养成训练入门关,优化副驾驶技术级别晋升路径,完善机长培养机制,加强教员队伍能力建设,全面提升委派代表和公司检查员的履职能力;强化训练秩序管理,强化飞行训练、检查、运行的闭环管理,加强配置训练诸要素的集中管理,创新涉及重点训练内容的制度和支持技术。

《指导意见》要求,民航局要继续加强顶层设计,整体谋划,系统推进新时代中国特色飞行训练体系建设;民航各地区管理局要严格责任落实,制定实施路线图,细化改革方案;航空公司要发挥主体责任,主动作为,切实贯彻落实本意见提出的各项任务和政策措施,为新时代中国特色飞行训练体系建设提供坚实的保障。

附录4　民用航空空管培训管理规则

2016年4月21日,为规范民用航空空中交通管制人员培训工作,加强民用航空空中交通管制培训工作的管理,根据《中华人民共和国民用航空法》和《中华人民共和国飞行基本规则》,结合空中交通管制工作的实际情况,制定民用航空空中交通管制培训管理规则(CCAR-70TM-R1)。

民用航空空中交通管制培训管理规则共7章70条,分别从总则、培训的组织与实施、基础培训、岗位培训、监督检查、法律责任和附则等对空管管制培训管理做了明确的要求。该规则也将空中交通管制人为因素等内容包含其中,对于规范空管人为因素具有重要作用。

第一章　总　　则

第一条　为规范民用航空空中交通管制人员培训工作,加强民用航空空中交通管制培训工作的管理,根据《中华人民共和国民用航空法》和《中华人民共和国飞行基本规则》,结合空中交通管制工作的实际情况,制定本规则。

第二条　本规则适用于从事民用航空空中交通管制工作以及空中交通管制培训工作的专业人员和机构。各民用航空空中交通管制单位(以下简称管制单位)和民用航空空中交通管制培训机构(以下简称管制培训机构)应当根据本规则,结合实际情况和需要,制定相应的培训、管理实施办法。

管制培训机构是指符合条件担任基础培训的院校及其他空中交通管制培训机构。

第三条　民用航空空中交通管制培训(以下简称管制培训)分为管制基础培训(以下简称基础培训)和管制岗位培训(以下简称岗位培训)。

基础培训,是为了使受训人具备从事管制工作的基本管制知识和基本管制技能,在符合条件的管制培训机构进行的初始培训。基础培训包括管制基础专业培训和管制基础模拟机培训。

岗位培训,是为了使受训人适应岗位所需的专业技术知识和专业技能,在管制单位进行的培训。岗位培训包括资格培训、设备培训、熟练培训、复习培训、附加培训、补习培训和追加培训。

管制培训大纲由中国民用航空局(以下简称民航局)统一制定。各管制单位和管制培训机构应当根据民航局制定的管制培训大纲并结合培训的具体类别和内容,制定培训计划并组织实施。

第四条　空中交通管制员执照申请人应当按照《民用航空空中交通管制员执照管理规则》的要求在申请前完成管制基础专业培训和资格培训。

空中交通管制员执照持有人申请增加或者变更执照类别签注应当在申请前完成相应类别的基础培训和资格培训。

空中交通管制员执照持有人申请特殊技能或者工作地点签注应当在申请前根据签注内容完成相应的岗位培训。

空中交通管制员执照持有人应当按照本规则完成设备培训、熟练培训、复习培训、附加培训和补习培训以满足《民用航空空中交通管制员执照管理规则》规定的经历要求。

第五条　民航局负责全国民用航空空中交通管制培训工作的统一管理。民航地区管理局负责协调和监督管理本辖区民用航空空中交通管制培训工作。

第六条　管制培训机构负责基础培训工作的开展。各管制单位具体负责本单位管制岗位培训工作的开展。

第七条　本规则中使用的部分术语含义见本规则附件一。

第二章　培训的组织与实施

第一节　基础培训的组织与实施

第八条　管制培训机构应当由民航局指定并符合下列条件：

（一）具有健全的培训管理制度。包括学员管理制度、教员管理制度、教学管理和考核制度、教学设施设备管理制度和档案管理制度；

（二）具有与开展培训种类和规模相适应的专职管理人员和教学人员；

（三）具有固定的、满足开展培训种类和规模要求的场地和设施；

（四）具有与开展培训种类和规模相适应的教学及模拟设备；

（五）具有符合培训大纲要求的管制培训教材；

（六）具有有效的管制培训质量管理制度。

第九条　从事基础培训的管制教员应当符合下列条件：

（一）爱岗敬业，责任心强，乐于教学，对受训人的表现评价客观、公正；

（二）善于总结、概括空管知识与技能，有良好的沟通、组织、协调和语言表达能力；

（三）具备理论和模拟机教学的技巧和能力；

（四）持有民用航空空中交通管制员执照；

（五）在管制岗位工作或者在管制培训岗位辅助工作1年以上。

第十条　基础培训教员由管制培训机构统一聘任、管理。管制培训机构应当及时将教员聘任情况报民航局和所在地民航地区管理局备案。

第十一条　基础培训教员的职责如下：

（一）按照教学大纲进行培训并对教学质量负责；

（二）将培训种类所需要的管制知识、技能传授给受训人；

（三）适时对受训人进行评价，指出不足并提出改进意见；

（四）每次教学活动结束后，填写教学记录；

（五）对教学效果进行分析、研究，提出改进教学的意见。

第十二条　基础培训教员的权利如下：

（一）根据培训情况向培训机构提出培训建议；

（二）参加培训机构组织的提高培训；

（三）根据受训人培训情况作出通过、暂停、终止其培训的决定。

第十三条 开展基础培训应当符合以下规定：

（一）按照民航局的要求开展培训，并制定相应的培训计划；

（二）按照规定的种类和培训大纲开展培训工作；

（三）按照培训大纲规定的标准对受训人进行考试考核；

（四）适时对已完成的培训工作进行分析并评估，提出改进培训工作的意见，修订培训计划；

（五）使用符合行业标准的模拟训练设备；

（六）按照规定保存培训记录。

第十四条 培训机构应当向完成培训并通过考试考核的受训人颁发基础培训合格证。

基础培训合格证内容包括培训合格证编号、受训人姓名、照片、身份证号、培训种类、培训时间、培训单位签章等，具体样式见附件二。

培训机构应当及时将基础培训合格证的颁发情况报民航局和所在地民航地区管理局备案。基础培训合格证颁发情况应便于民航地区管理局和管制单位查询。

第十五条 完成培训后，培训机构应当妥善保存基础培训记录。

基础培训的培训种类，教学计划，培训时间，教员名单，受训人名单，受训人的培训、考试、考核、评价等记录以及颁证情况等记录应当永久保存。

第二节 岗位培训的组织与实施

第十六条 管制单位的岗位培训职责如下：

（一）制定本管制单位的岗位培训计划，适时修改和补充，并组织实施；

（二）依据规定和岗位培训计划，拟定本管制单位的培训方案，并适时修改和补充；

（三）组织编写适用于本管制单位的管制岗位培训教材；

（四）选拔、聘任、培训本管制单位岗位培训教员，组建培训组；

（五）根据培训组的建议，对受训人作出结束培训、追加培训、暂停培训、继续培训或终止培训的决定；

（六）监督检查本管制单位培训计划的实施情况。

第十七条 管制单位开展岗位培训应当具备以下条件：

（一）具有健全的培训管理制度。包括受训人管理制度、岗位培训教员管理制度、培训管理和考核制度、质量管理制度、培训设施设备管理制度和培训记录管理制度；

（二）有指定的部门或者人员负责本管制单位的岗位培训工作；

（三）具有与开展岗位培训种类和受训人数相适应的岗位培训教员；

（四）具有满足开展岗位培训种类和规模要求的场地、设施、设备；

（五）具有符合培训大纲要求的岗位培训材料。

第十八条 岗位培训教员应当符合下列条件：

（一）爱岗敬业，责任心强，能够客观地对受训人的表现作出评价；

（二）持有有效空中交通管制员执照，具有 5 年以上空中交通管制工作经历；

（三）在教学内容相关的管制岗位工作 2 年以上；

（四）有良好的组织、协调和语言表达能力；

（五）业务技能熟练，此前连续 3 年未因本人原因导致严重差错（含）以上事件。

第十九条　管制单位岗位培训教员由本单位聘任，报民航地区管理局备案。

教员不再符合聘任条件或者不能正确履行教员职责的，原聘任单位应当及时解聘，并报地区管理局备案。

第二十条　从事模拟机培训的模拟机岗位培训教员，应当具备模拟机教学的技巧和能力，并通过民航局或者地区管理局组织的培训与考核。

第二十一条　岗位培训教员的职责如下：

（一）将自己所掌握的管制知识、技能传授给受训人；

（二）对受训人在受训期间的工作，进行不间断的指导、监督，并对其正确与否负责；

（三）按照培训大纲进行培训并对培训质量负责；

（四）适时对受训人进行讲评，指出不足并提出改进措施，适时填写培训记录；

（五）适时开展工作技能检查和资格检查，在机场、进近、区域管制员每次实地操作和模拟培训后填写本规则附件三《培训/考核报告表》；

（六）对见习期满的见习管制员提出继续见习或转为正式管制员的建议；

（七）纠正受训人发出的管制指令或所做的协调、移交内容。

第二十二条　岗位培训教员享有下列权利：

（一）根据培训情况向管制单位提出受训人追加、继续和终止培训的建议；

（二）按照规定对受训人进行考核；

（三）参加教员再提高培训。

第二十三条　受训人在岗位培训期间，未经教员允许，不得擅自发出管制指令、进行管制移交或操作各种设备。

受训人在岗位培训期间违反规定，导致事故征候或事故的，所在单位应当根据情节轻重延长其培训时间或者终止其岗位培训。

第二十四条　开展岗位培训应当符合以下规定：

（一）按照规定制定相应的岗位培训计划；

（二）按照培训种类和培训大纲开展培训工作；

（三）按照培训大纲规定的标准对受训人进行考试考核；

（四）适时对已完成的培训工作进行分析、研究并评估，提出改进培训工作的意见；

（五）使用符合行业标准的模拟训练设备；

（六）按规定上报年度岗位培训情况；

（七）按照规定保存培训记录。

第二十五条　管制单位每年年底前应当将本单位的本年度培训完成情况和下一年度岗位培训计划报地区管理局。地区管理局每年 1 月份应当将本地区上一年度培训完成情况和本年度岗位培训安排的总体情况上报民航局。同一地区管理局辖区内的多个管制单位有统一管理机构的，应当统一上报。

第二十六条　岗位培训应当在培训主管领导下按计划实施。

第二十七条　每种培训都应当成立培训组。进行资格培训时，每一培训组中只能有一名受训人；进行其他培训时，每一培训组中可有多名受训人；进行模拟操作和实地操作时，每名受训人应当有一名相应的岗位培训教员监督指导。

第二十八条　管制单位培训主管应当为每名受训人制定包括下列内容的培训计划：

（一）培训要求和预计完成时间；

（二）培训目标和内容；

（三）培训组的职责；

（四）受训人需要注意的事项。

第二十九条　培训组岗位培训教员应当根据培训计划编写培训材料和详细培训安排，并报管制单位培训主管。

第三十条　岗位培训过程中，管制单位培训主管应当随时注意培训进展情况，并做好下列工作：

（一）就培训组教员的建议做出决定；

（二）加强对培训过程的持续指导和监督，发现问题及时与培训组研究解决；

（三）考察岗位培训教员的工作和培训情况，及时撤换不能胜任的教员。

第三十一条　岗位培训教员和管制单位培训主管在培训过程中和培训结束后，应当对受训人的工作技能进行检查，并填写本规则附件五《岗位培训评估报告表》。

第三十二条　岗位培训检查方式可采取书面测验、口头提问、模拟和实地操作等方式。

第三十三条　岗位培训检查过程中涉及检查员的工作，按照《民用航空空中交通管制检查员管理办法》执行；涉及执照检查工作，按照《民用航空空中交通管制员执照管理规则》执行。

第三十四条　完成培训后，受训人所在管制单位应当妥善保存每位受训人岗位培训记录。

岗位培训的培训计划，培训内容，岗位培训教员，培训情况，考试考核、评价，培训结论等记录应当至少保存 10 年。记录中应当包括本规则附件三《培训/考核报告表》、附件四《岗位培训实施时间表》、附件五《岗位培训评估报告表》。

第三十五条　管制单位应当为本单位管制人员在申请执照或者执照注册时出具培训证明。

第三章　基础培训

第三十六条　管制基础专业培训是为了使受训人了解掌握从事管制工作的基本知识和基本技能而进行的培训，是进入岗位培训和获得管制员执照的前提条件。

管制基础模拟机培训是为了使受训人掌握从事特定类别管制工作的基本知识和基本技能而进行的培训，是增加管制执照特定类别签注的前提条件。管制基础模拟机培训包括雷达管制基础模拟机培训和其他管制基础模拟机培训。

第三十七条　基础培训应当按照规定的培训大纲开展培训。

管制基础专业培训应当在不短于 1 年的时间内完成至少 800 小时的学习。管制基础专业培训可以在学历教育期间完成。航空情报、签派等相关专业培训合格的学员转入管制专业学习的，管制基础专业培训时间可以适当减少，但不得少于 200 小时。

雷达管制基础模拟机培训应当在不短于 2 个月的时间内完成至少 240 小时的学习，其中每人管制席位上机时间不得少于 60 小时。其他管制基础模拟机培训时间由民航局另行制定。

管制基础模拟机培训可以在受训人进入管制单位后或者学历教育期间完成。

第三十八条　参加管制基础专业培训的受训人应当满足以下条件：

（一）具备从事管制工作的身体条件；

（二）大学在读或者毕业；

（三）具备从事管制工作的心理素质和能力；

（四）能正确读、听、说、写汉语，口齿清楚，无影响双向无线电通话的口吃和口音；

（五）具备一定的英语基础。

第三十九条　开展管制基础模拟机培训上机训练时，基础培训教员与受训人比例不得低于二分之一。

第四章　岗位培训

第一节　一般规定

第四十条　岗位培训的目的是使受训人获得在空中交通管制岗位工作的能力与资格。受训人完成管制基础专业培训后，方可参加岗位培训。

第四十一条　岗位培训应当按照相应的岗位培训大纲进行。

第四十二条　岗位培训方式通常包括课堂教学、模拟操作和岗位实作三部分。

岗位培训由管制单位培训主管负责。管制单位培训主管应当按照本规则附件四《岗位培训实施时间表》制定相应的岗位培训实施计划，并在岗位培训完成后填写本规则附件五《岗位培训情况评估报告表》。

第二节　资格培训

第四十三条　资格培训是使受训人具备在管制岗位工作的能力，并获得独立上岗工作资格所进行的培训。资格培训的上岗培训时间不得少于 1000 小时。

第四十四条　进行雷达管制岗位资格培训前，受训人应当经过符合条件的雷达管制基础模拟机培训，通过考核，取得培训合格证。

第四十五条　资格培训应当按本规则附件六《资格培训流程图》的程序进行。

第三节　设备培训

第四十六条　设备培训是使受训人具备熟练使用新安装、以前未使用过或虽然使用过但现已有所更改的空中交通管制设备能力的培训。

第四十七条　设备培训的对象为每个具备有关管制岗位工作资格且使用该设备的管制员和见习管制员。

第四十八条　受训人未经设备培训具备相应设备使用能力，不得使用新安装、以前未使用过或虽然使用过但现已有所更改的空中交通管制设备。

第四十九条　设备培训的内容包括：设备的基本工作原理和构成，功能及正确的操作方法，以及使用注意事项和禁止性规定。

第五十条　设备培训时间的长短可以根据设备原理和操作的复杂程度由管制单位自行确定。

第四节　熟练培训

第五十一条　熟练培训是指受训人连续脱离管制岗位工作一定时间后,恢复管制岗位工作前须接受的培训。熟练培训应当符合下列要求:

（一）连续脱离该岗位 90 天以下的,由管制单位培训主管决定其是否需要进行熟练培训以及培训时间。经培训主管决定免于岗位熟练培训的,应当熟悉在此期间发布、修改的有关资料、程序和规则;

（二）连续脱离岗位超过 90 天未满 180 天的,应当在岗位培训教员的监督下进行不少于 40 小时的熟练培训;

（三）连续脱离岗位 180 天以上未满 1 年的,应当在岗位培训教员的监督下进行不少于 60 小时的熟练培训;

（四）连续脱离岗位 1 年以上的,应当在岗位教员的监督下进行不少于 100 小时的熟练培训。

第五十二条　熟练培训内容包括:

（一）了解脱岗期间发布的法规和规定;

（二）掌握本管制单位程序规则的变化;

（三）熟悉管制工作环境;

（四）恢复管制知识和技能。

第五节　复习培训

第五十三条　复习培训是使空中交通管制员熟练掌握应当具备的知识和技能,提供大流量和复杂气象条件下的管制服务,并能处理工作中遇到的设备故障和航空器突发的不正常情况所进行的培训。

第五十四条　空中交通管制员每年至少应当进行一次复习培训和考核。机场、进近、区域管制员模拟机培训时间不少于 40 h。实施雷达管制的管制单位管制员在满足 40 h 雷达管制模拟机培训的基础上,可以根据实际情况适当减少程序管制模拟机培训时间,但不得少于 20 h。

第五十五条　复习培训包括正常、非正常情况下空中交通管制知识和技能的培训。机场、进近、区域管制员非正常情况下的空中交通管制知识和技能培训,至少应当包括下列内容。

（一）航空器在运行过程中突发的非正常情况:

1. 航空器无线电失效;

2. 航空器座舱失压;

3. 航空器被劫持;

4. 航空器飞行能力受损;

5. 航空器空中失火;

6. 航空器空中放油;

7. 航空器迷航。

（二）空中交通管制设备运行过程中突发的非正常情况:

1. 二次雷达失效,用一次雷达替代二次雷达工作;

2. 雷达全部失效,由雷达管制转换到程序管制;

3. 其他设备故障。

第五十六条 飞行服务、运行监控管制员的复习培训由管制员所在单位确定复习培训的内容和时间。

第六节 附加培训

第五十七条 附加培训是在新的或修改的程序、规则开始实施前,为使管制员熟悉新的或修改过的程序、规则进行的培训。管制单位培训主管应当根据程序、规则变化的程度,决定培训内容和所需时间。

第五十八条 附加培训应当采取下列方法:

(一)组织相关人员学习,并进行考试;

(二)进行模拟培训,确保正确掌握新的或修改过的程序、规则;

(三)适时进行岗位演练。

模拟培训和岗位演练,应当在组织理论学习后进行。

第五十九条 附加培训需要由两个或两个以上单位联合进行时,应当明确组织单位和负责人。

第七节 补习培训

第六十条 补习培训是指为改正管制员工作技能存在缺陷而进行的培训,补习培训由管制单位培训主管根据情况组织实施。

第六十一条 补习培训应当采用下列方法:

(一)组织受训人学习有关文件、规定、程序,并进行考试;

(二)组织模拟培训,并进行考试。

第六十二条 管制员经过补习培训,未通过补习培训考试的,管制单位应当暂停该管制员在其岗位工作。

第八节 追加培训

第六十三条 追加培训是指由于受训人本人原因,未能按本章第二至第七节的规定通过培训,应当增加的培训。

第六十四条 追加培训时间为预计培训时间的四分之一至三分之一。每种培训的追加培训最多连续不得超过 2 次,否则管制单位应当终止培训,并暂停该管制员在其岗位工作,并重新进行相应种类的培训。追加培训的结果要记入本规则附件五《岗位培训评估报告表》。

第五章 监督检查

第六十五条 民航地区管理局对基础培训监督检查的内容包括:

(一)是否按照规定的种类开展基础培训;

(二)是否符合基础培训机构应当具备的条件;

(三)教员的聘任和管理是否符合规定要求;

(四)培训计划制定、考试考核、记录保存情况;

(五)专业基础培训的学员筛选、模拟设备、教学内容、教员学员比是否满足要求;

(六)基础培训合格证的发放和管理是否符合要求。

第六十六条　民航地区管理局对岗位培训监督检查的内容包括：

（一）是否正确履行了岗位培训的职责；

（二）是否具备开展相应岗位培训所需的条件；

（三）教员的聘任、管理和履行职责情况；

（四）培训计划制定、考试考核、记录保存情况；

（五）岗位培训的组织实施情况。

第六十七条　民航地区管理局监督检查，可以采取现场检查、抽查培训记录和档案、要求书面报告、向受训人和教员征求意见等方式进行。

第六章　法律责任

第六十八条　管制培训机构违反本规则规定，有下列情形之一的，由民航地区管理局责令限期改正，并处以警告；情节严重或者逾期未整改的，对单位处以 1 万元以上 3 万元以下的罚款：

（一）未按照规定的种类开展培训活动的；

（二）未建立教员管理制度、实施教员聘任或者管理不符合要求的；

（三）未制定培训计划、实施考试考核或者保存记录的；

（四）专业基础培训的学员筛选、模拟设备、教学内容、教员学员比不符合要求的。

第六十九条　组织岗位培训的管制单位违反本规则规定有下列情形之一的，由民航地区管理局责令限期改正，并处以警告；情节严重的或者逾期未改正的，对单位处以 1 万元以上 3 万元以下罚款：

（一）未正确履行岗位培训职责的；

（二）不符合开展相应岗位培训条件的；

（三）教员的使用管理情况不符合要求的；

（四）未制定培训计划或者未将教员情况备案的；

（五）未组织实施岗位培训、考试考核或者未按要求保存相关记录的。

第七章　附　　则

第七十条　本规则自 2016 年 5 月 22 日起施行。1998 年 8 月 1 日公布的《中国民用航空空中交通管制岗位培训管理规则》（民航总局令第 79 号）同时废止。

参考文献

[1] 道格拉斯·A·维格曼,斯科特·A·夏佩尔.飞行事故人的失误分析:人的因素分析和分类系统[M].北京:民航出版社,2006.

[2] 罗伯特·W·普罗克特,特丽莎·范赞特.简单与复杂系统的人为因素[M].上海:上海交通大学出版社,2020.

[3] 张铁纯,刘珂.人为因素和航空法规[M].2版.北京:清华大学出版社,2017.

[4] 李学仁,杜军,罗敏.国际航空人为因素研究现状[M].北京:国防工业出版社,2013.

[5] 杜俊敏.人为因素与飞行安全[M].北京:国防工业出版社,2016.

[6] 班永宽.航空故事与人为因素[M].北京:中国民航出版社,2002.

[7] 江卓远,孙瑞山.国外航空人为因素研究进展[M].天津:天津大学出版社,2011.

[8] 中国民用航空局人为因素课题组.民用航空人的因素培训手册[M].北京:中国民航出版社,2003.

[9] 全国人民代表大会常务委员会.中华人民共和国民用航空法[Z/OL].(2021-08-13)[2024-03-16].https://www.caac.gov.cn/XXGK/XXGK/FLFG/201510/t20151029_2777.html

[10] 国务院、中央军委.通用航空飞行管制条例[Z/OL].(2008-07-01)[2024-03-16].https://www.caac.gov.cn/XXGK/XXGK/ZCFB/201511/t20151104_10896.html

[11] 国务院、中央军委.无人驾驶航空器飞行管理暂行条例[Z/OL].(2023-06-28)[2024-03-16].https://www.caac.gov.cn/XXGK/XXGK/FLFG/202401/t20240115_222642.html

[12] 国务院.关于促进民航业发展的若干意见[Z/OL].(2012-07-12)[2024-05-21].https://www.gov.cn/zhengce/content/2012-07/12/content_3228.htm

[13] 国务院办公厅.国务院办公厅关于促进通用航空业发展的指导意见:国办发〔2016〕38号[Z/OL].(2016-05-17)[2024-05-21].https://www.gov.cn/zhengce/zhengceku/2016-05/17/content_5074120.htm

[14] 中华人民共和国交通运输部.民用无人驾驶航空器运行安全管理规则(CCAR-92)(Z/OL).(2024-01-01)[2024-05-26].https://www.gov.cn/gongbao/2024/issue_11246/202403/content_6941841.html

[15] 中华人民共和国交通运输部.关于修改《大型飞机公共航空运输承运人运行合格审定规则》的决定(2021-03-15)[2024-04-28].https://www.caac.gov.cn/XXGK/XXGK/MHGZ/202104/t20210415_207173.html

[16] 中华人民共和国交通运输部.民用航空空中交通管理规则(CCAR-93TM-R6)(Z/OL).(2017-09-29)[2024-01-19].https://www.caac.gov.cn/XXGK/XXGK/MHGZ/201712/t20171221_48126.html

［17］ 中华人民共和国交通运输部. 关于修改《民用航空安全信息管理规定》的决定：CCAR-396-R4（Z/OL）.（ 2022-06-14）［2024.02.24］. https://www.caac.gov.cn/XXGK/XXGK/MHGZ/202207/t20220718_214443.html

［18］ 空管行业管理办公室.民航空中交通管理安全管理体系(SMS)建设指导手册(第三版)：MD-TM-2011-001(Z/OL).(2011-05-10)［2024.05-01］. https://www.caac.gov.cn/XXGK/XXGK/GFXWJ/201511/t20151102_8042.html

［19］ 空管行业管理办公室.民航空中交通管理运行单位安全检查管理办法：AP-83-TM-2022-01（Z/OL）.（ 2022-09-16）［2024-05-21］. https://www.caac.gov.cn/XXGK/XXGK/GFXWJ/202210/t20221011_215573.html

［20］ 空管行业管理办公室.民航空中交通管理运行单位安全评估管理办法：AP-83-TM-2022-02（Z/OL）.（ 2022-09-22）［2024-01-21］. https://www.caac.gov.cn/XXGK/XXGK/GFXWJ/202210/t20221011_215572.html

［21］ 刘堂卿.空中交通管制安全风险耦合机理研究［D］.武汉：武汉理工大学,2011.

［22］ 于海田.民航安全分析与管理研究［D］.上海：上海大学,2011.

［23］ 赵文智.提高民航安全性的研究［D］.天津：天津大学,2006.

［24］ 郭九霞.新一代民航运输系统安全韧性理论与方法研究［D］.成都：电子科技大学,2021.

［25］ 张超.空中交通管制中的人为因素及管控研究［D］.昆明：云南大学,2019.

［26］ 黄晗.基于海南航空的航空风险人为因素分析［D］.长沙：湖南大学,2019.

［27］ 张鑫.民航空管安全体系研究［D］.天津：天津大学,2005.

［28］ 陈俊宇.城市物流场景无人机运行风险分析与评估［D］.天津：中国民航大学,2024.